Ejercicios de Física 2:

Mecánica Clásica

© 2021 Gregorio Chenlo (@arquiteutis)

Gregorio Chenlo Romero (gregochenlo.blogspot.com)

Notas (v1):

ÍNDICE DE MATERIAS

Ejercicios de Física 2: Mecánica Clásica   **Pag:**

Dedicatoria   7

Introducción   8

Copyright   12

Mecánica Clásica   14

1: lanzamiento vertical   15
2: caída libre   15
3: lanzamiento de proyectiles   16
4: vectores velocidad y aceleración   16
5: vector de posición   17
6: componentes intrínsecas   18
7: radio de curvatura   19
8: tiempo y espacio   20
9: tensiones   20
10: fuerza de rozamiento   22
11: rozamiento y peso   23
12: tensión y fuerza   24
13: fuerza de reacción   25
14: tensión, fuerza y dirección   26
15: fuerza y dirección   27
16: centro de masas   28
17: fuerza y reacciones   29
18: tensión y componentes   29
19: altura de un cohete   30

20: rozamiento, tiempo y distancia — 31
21: módulo velocidad — 32
22: radio de curvatura — 33
23: ecuación de trayectoria — 34
24: trayectoria, velocidad y componentes — 35
25: altura, distancia y velocidad — 36
26: velocidad y trayectoria — 37
27: velocidad angular — 38
28: fuerza propulsora — 39
29: impulso — 40
30: trabajo — 40
31: equilibrio — 41
32: equilibrio y fuerza — 42
33: tensiones y ángulos — 43
34: caída, fuerza y espacio — 44
35: aceleración, tensión y energía cinética — 45
36: choque elástico — 46
37: conservando energía — 47
38: caída, tiempo y velocidad — 47
39: aceleración tangencial y normal — 48
40: componentes de velocidad y aceleración — 49
41: velocidad y aceleración tangencial — 50
42: vectores velocidad y aceleración — 50
43: velocidad relativa y absoluta — 51
44: aceleración relativa y absoluta — 53
45: caída en movimiento — 53
46: lanzamiento vertical — 54
47: cantidad de movimiento — 56
48: energía, trabajo y cantidad de moviendo — 56
49: vector cantidad de movimiento — 58
50: ecuaciones de trayectorias — 59
51: velocidad del centro de masas — 59
52: posición del centro de masas — 60
53: trabajo en una curva — 61
54: deslizamiento sin rozamiento — 63
55: aceleración y tensión — 64
56: momento angular de un sistema — 65
57: momento cinético — 67
58: plano inclinado y caída libre — 67
59: aceleración y rozamiento — 68
60: tensión, aceleración y rozamiento — 70
61: choque de partículas — 71
62: descomposición radiactiva — 72
63: choque entre vehículos — 73
64: choque elástico — 73

Ejercicios de Física 2: Mecánica Clásica

65: cambio tras un choque	75
66: centro de masas	75
67: centro de gravedad y ángulos	76
68: centro de gravedad complejo	77
69: centro de gravedad de un arco	79
70: centro de gravedad de un semicírculo	79
71: centro de masas de un triángulo	80
72: centro de gravedad irregular	81
73: centro de masas de una semi esfera	82
74: densidad variable	83
75: centro de gravedad de un cuadrante	84
76: densidad variable e inestabilidad	84
77: momento de inercia de un sistema	85
78: momento de inercia respecto a un eje	86
79: momento de inercia y centro de gravedad	86
80: momento de inercia de un triángulo	88
81: momento de inercia de un cilindro	89
82: momento de inercia de una varilla	91
83: momento de inercia de una lámina	91
84: momento de inercia de un semicírculo	93
85: momentos de inercia de un cilindro	94
86: momentos y productos de inercia	95
87: producto de inercia de un cuadrante	96
88: momento de inercia de una rueda	96
89: el yo-yo	98

Ejercicios Propuestos en Exámenes **100**

90: tiempo de parada y espacio recorrido	101
91: momento lineal, angular de 3 partículas	101
92: fuerza y distancia	101
93: lanzamiento sobre un plano inclinado	102
94: centro masas, momentos lineal y angular	102
95: aceleración y tensiones	103
96: vector de posición, momentos y energía	104
97: velocidad de un bloque con rozamiento	104
98: momento lineal, angular y total	105
99: aceleración angular en sistema de poleas	105
100: aceleración centro de masas y momentos	106
101: período, energías cinética y potencial	107
102: energía cinética de pesos en una polea	107

103: momentos lineal y angular de polea doble   108
104: empuje y trabajo   109
105: conservación de la energía   109
106: lanzamiento vertical en plano inclinado   110
107: fuerza y tipo de movimiento   110
108: explosión de un proyectil   111
109: momento de inercia de una lámina   111

Anexos: 112
Momentos de inercia   113
Constantes   116
Factores de conversión   118
Integrales   120
Relaciones trigonométricas   122
Otros títulos del autor   124
Bibliografía recomendada   125
Agradecimientos   126

☉☉☉

Dedicatoria

A D. Lisardo Nuñez

excelente persona
excelente profesor
Rey del Momento

Gregorio Chenlo Romero (gregochenlo.blogspot.com)

INTRODUCCIÓN

Cuando estudiaba Física en la Universidad, hace ya algún tiempo, tuve la ocasión de comprobar que muchos alumnos universitarios de las carreras de Ciencias: Física, Química, Biología, Matemáticas, Ingenierías, etc. necesitaban consultar diversos libros con ejemplos de ejercicios resueltos de la materia teórica y práctica impartida en el aula y con la finalidad fundamental de adquirir conocimientos y soltura en la resolución de ejercicios planteados en los exámenes de estas disciplinas. Igualmente, cuando hablaba con mis profesores, éstos me comentaban que se encontraban habitualmente con la necesidad de recopilar múltiples ejercicios de alguna materia concreta para preparar la clase y/o para diseñar un examen.

Este libro, parte de una serie de libros de Física con diversas materias, pretende ayudar a cubrir estas necesidades en el proceso de aprendizaje de los alumnos de primer curso de Universidad, en aquellas carreras en las que la Física es una asignatura fundamental. Para ello se exponen más de 100 ejercicios relacionados con la **Mecánica Clásica**, con sus correspondientes esquemas, diagramas, soluciones, etc. y también con varios ejercicios adicionales donde se indica únicamente la solución o parte de ella, para que el alumno, profesor o lector pueda ejercitarse por su propia cuenta o plantear su resolución en una clase, examen, etc.

Para facilitar el proceso de aprendizaje, los ejercicios se agrupan por complejidad y aparición habitual a lo largo del curso.

En cada ejercicio se plantea el enunciado, los datos, los esquemas y gráficas y la solución con suficiente detalle para que el alumno, con una base teórica correcta, pueda seguir el desarrollo de la solución sin dificultad. Para garantizar el proceso de aprendizaje, se incluyen también ejercicios repetitivos de la misma materia pero enfocados desde diversas ópticas e incluso con diversos métodos.

No se ha querido forzar el volumen del libro, que sea un manual práctico, de rápida consulta y por lo tanto no se ha incluido teoría alguna sobre las materias abordadas, aunque si se añaden las explicaciones necesarias para la comprensión de cada ejercicio.

La materia tratada en este libro se enmarca únicamente dentro de la disciplina de Física Clásica no Relativista y que está incluida en el temario de la asignatura de Física del primer curso universitario de la mayoría de las carreras en las que se incluye la Física como asignatura principal.

Para otras materias, también del grupo de Física Clásica no Relativista, no incluidas en este libro como las siguientes, se puede consultar mi libro: **"400 Ejercicios Resueltos de Física Universitaria"** también disponible en Inglés e Italiano en www.amazon.es en los siguientes enlaces.

papel   ebook

Gregorio Chenlo Romero (gregochenlo.blogspot.com)

- Vectores
- Campos
- Mecánica clásica
- Movimiento ondulatorio
- Fuerzas centrales
- Gravitación
- Elasticidad
- Estática y Dinámica de fluidos
- Termometría
- Calorimetría
- Termodinámica
- Campo eléctrico
- Campo magnético
- Corriente continua
- Corriente alterna

Al final del libro se incluye alguna bibliografía y otros datos de interés, que pueden usarse como referencia, consulta general o para la resolución de estos y otros ejercicios.

Más información en:

gregochenlo.blogspot.com

Otros títulos del autor en www.amazon.es

"Domótica con Raspberry©, Google© y Python©" (Ed-1)
"Domótica con Raspberry©, Google© y Python©" (Ed-2)
"Home Automation with Raspberry©, Google© & Python©"
"Electrónica divertida con Raspberry©"
"Elettronica divertente con Raspberry©"
"Electrónica y Domótica con Raspberry©"
"400 Ejercicios Resueltos de Física Universitaria"
"400 Solved Exercises of University Physics"
"400 Esercizi Risolti di Fisica Universitaria"
"Ejercicios de Física: 1 Cálculo Vectorial"
"Ejercicios de Física: 2 Mecánica Clásica"
"Ejercicios de Física: 3 Mecánica de Fluidos"
"Ejercicios de Física: 4 Calorimetría y Termodinámica"
"Ejercicios de Física: 5 Campo Eléctrico y Magnético"
"Ejercicios de Física: 6 Corriente Continua y Alterna"
"Algebra y Análisis en Carreras Universitarias"
"50 Poesías sin Título"
"Pescando Tiburones"
"Pescando Squali"

☻☻☻

Gregorio Chenlo Romero (gregochenlo.blogspot.com)

©COPYRIGHT

El autor de este libro es Gregorio Chenlo Romero, que se reserva todos los derechos que la Ley le otorgue en cada región donde se publique este libro, tanto en la actualidad como en el futuro.

Este libro, en su 1ª edición, se publicó en Marzo de 2021 y le aplican todos los derechos de autor que la Ley Española le otorga ya desde el mismo momento de su publicación.

Reservados todos los derechos. Queda rigurosamente prohibida, sin la autorización escrita del titular de este copyright, bajo las sanciones establecidas en las leyes vigentes, la reproducción total o parcial del texto, tablas, esquemas, dibujos, etc. incluidas en esta obra, por cualquier medio o procedimiento, incluidos la reprografía, el tratamiento informático o la distribución de ejemplares mediante el alquiler o préstamo públicos.

El autor recopiló, como alumno, la información aquí incluida en las clases públicas de la Universidad Pública en la que cursó sus estudios de Física, por lo que se entiende que la información puede ser utilizada para ayudar a otros alumnos en los estudios universitarios de Física o similares.

El autor declina toda responsabilidad que los lectores, otras personas, terceros, empresas, etc. puedan realizar por su cuenta por el uso de la información aquí descrita.

A pesar de que todo lo descrito en este libro, ha sido revisado y contrastado con el mayor interés posible, el autor también declina cualquier responsabilidad por las incorrecciones e inexactitudes que pudieran existir en esta obra.

Finalmente indicar que se adjuntan algunas referencias bibliográficas usadas, reafirmando los derechos que les puedan corresponder y declinando cualquier responsabilidad, garantía, etc. consecuencia de la variación, desaparición , etc. de dichas fuentes de información, tanto en su totalidad como en parte de las mimas.

☺☺☺

Mecánica Clásica

1: lanzamiento vertical

Se lanza hacia arriba un objeto que tarda en llegar al punto más alto de la trayectoria **10 segundos**. ¿A qué altura se encontrará al cabo de **5 segundos** más?.

SOLUCIÓN:

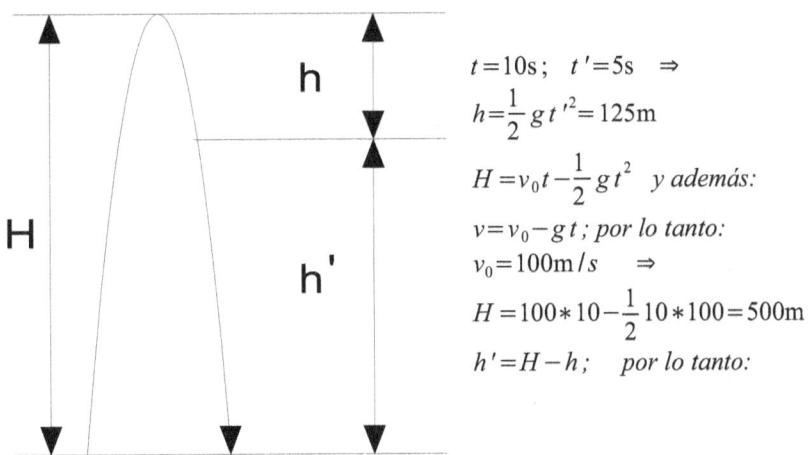

$t = 10s; \quad t' = 5s \quad \Rightarrow$

$h = \dfrac{1}{2} g t'^2 = 125 \text{m}$

$H = v_0 t - \dfrac{1}{2} g t^2 \quad y \; además:$

$v = v_0 - g t; \; por \; lo \; tanto:$

$v_0 = 100 \text{m}/s \quad \Rightarrow$

$H = 100 * 10 - \dfrac{1}{2} 10 * 100 = 500 \text{m}$

$h' = H - h; \quad por \; lo \; tanto:$

$h' = 500 - 125 \quad \Rightarrow \quad h' = 375 m \; del \; suelo$

2: caída libre

Un ascensor sube a velocidad constante y de valor **7m/s**. A la vez que arranca, desde el último piso situado a **60m** más arriba, se deja caer una piedra.

¿Dónde y cuándo se encuentran?

SOLUCIÓN:

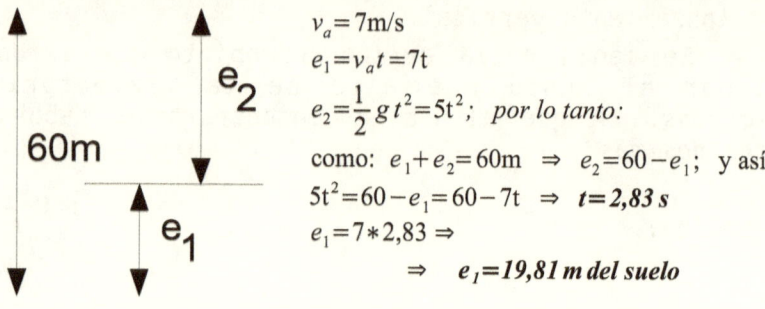

$v_a = 7\text{m/s}$

$e_1 = v_a t = 7t$

$e_2 = \frac{1}{2} g t^2 = 5t^2$; por lo tanto:

como: $e_1 + e_2 = 60\text{m} \Rightarrow e_2 = 60 - e_1$; y así:

$5t^2 = 60 - e_1 = 60 - 7t \Rightarrow \mathbf{\textit{t} = 2{,}83\,s}$

$e_1 = 7 * 2{,}83 \Rightarrow$

$\Rightarrow \mathbf{\textit{e}_1 = 19{,}81\,m\,del\,suelo}$

3: lanzamiento de proyectiles

Dos proyectiles se lanzan verticalmente de abajo hacia arriba con **2 segundos** de intervalo.

El primero con una velocidad inicial de **5m/s** y el segundo con una velocidad inicial de **80m/s**

¿Cuál será el tiempo transcurrido hasta que los dos estén a igual altura?.

SOLUCIÓN:

$t_1 = t + 2$ y $t_2 = t$; entonces:

$e_1 = v_{o1} t_1 - \frac{1}{2} g t_1^2 = 50(t+2) - 0{,}5\, g (t+2)^2$

$e_2 = v_{o2} t_2 - \frac{1}{2} t_2^2 g = 80t - 0{,}5\, g t^2$; y como: $e_1 = e_2$, entonces:

t= 1,62 s después del segundo   además:

$v_{F1} = v_{o1} - g t_1 = 50 - g * 3{,}62 = 14{,}53\, m/s$

$v_{F2} = v_{o2} - g t_2 = 80 - g * 1{,}62 = 64{,}12\, m/s$

$H = e_1 = e_2 = 80 * 1{,}62 - \frac{1}{2} g * 1{,}62^2 = 116{,}74\, m$

4: vectores velocidad y aceleración

Dado el vector de posición:

$$\vec{r}=(t^3+2t^2+1)\vec{i}+(2t^3-3t)\vec{j}+(t^2+t)\vec{k}$$

Calcular los vectores velocidad y aceleración $\vec{v}$ y $\vec{a}$ en $t=1$

SOLUCIÓN:

$$\vec{v}=\frac{d\vec{r}}{dt}=(3t^2+4t)\vec{i}+(6t^2-3)\vec{j}+(2t+1)\vec{k} \Rightarrow$$
$$\Rightarrow \vec{v}_{t=1}=7\vec{i}+3\vec{j}+3\vec{k}$$
$$\vec{a}=\frac{d\vec{v}}{dt}=(6t+4)\vec{i}+12t\vec{j}+2\vec{k}; \text{ y por lo tanto:}$$
$$\vec{a}_{t=1}=10\vec{i}+12\vec{j}+2\vec{k}$$

5: vector de posición

Una partícula inicia un movimiento desde el punto **(1,2,0)** con velocidad inicial $\vec{v}_o=\vec{i}-7\vec{k}$ y aceleración $\vec{a}=60t^2\vec{i}-18t\vec{j}+6t\vec{k}$

Calcular su velocidad y el vector de posición al cabo de un tiempo **t** de iniciado el movimiento.

SOLUCIÓN:

$$\vec{a}=\frac{d\vec{v}}{dt} \Rightarrow \int_{\vec{v}_o}^{\vec{v}} d\vec{v}=\int_0^t \vec{a}\,dt=(20t^3\vec{i}-9t^2\vec{j}+3t^2\vec{k})\Big|_0^t \Rightarrow$$

$$\Rightarrow \vec{v}-\vec{v}_o=20t^3\vec{i}-9t^2\vec{j}+3t^2\vec{k}; \text{ y por lo tanto:}$$

$$\vec{v}=(20t^3+1)\vec{i}-9t^2\vec{j}+(3t^2-7)\vec{k}$$

$$\vec{v} = \frac{d\vec{r}}{dt} \Rightarrow \int_0^t \vec{v}\, dt = \int_{\vec{r}_o}^{\vec{r}} d\vec{r} \Rightarrow \vec{r} - \vec{r}_o = \int_0^t \vec{v}\, dt = (5t^4+t)\vec{i} - 3t^3\vec{j} + (t^3-7t)\vec{k}$$

Y como: $\vec{r}_o = \vec{i} + 2\vec{j} \Rightarrow$

$$\vec{r} = (5t^4+t+1)\vec{i} + (-3t^3+2)\vec{j} + (t^3-7t)\vec{k}$$

6: componentes intrínsecas

Un objeto describe una trayectoria dada por las ecuaciones:

$$x = pt \quad é \quad y = 0{,}5\, pt^2$$

a) ¿Cuál es la velocidad y la aceleración del objeto?.

b) Calcular las componentes intrínsecas de la aceleración.

c) Determinar el radio de curvatura.

SOLUCIONES:

$$\vec{a} = \frac{d\vec{v}}{dt} = \frac{d}{dt}(v\,\vec{v}_o) = \frac{dv}{dt}\vec{v}_o + \frac{d\vec{v}_o}{dt} v \quad \text{donde:}$$

b) $\vec{a}_t = \dfrac{dv}{dt}\vec{v}_o;\;$ como: $//\vec{v}// = (p^2 + p^2 t^2)^{1/2}$ y además:

$$\vec{v}_o = \frac{p\vec{i} + pt\,\vec{j}}{\sqrt{p^2+p^2 t^2}}; \quad \text{entonces, de esta manera:}$$

$$\vec{a}_t = \frac{d}{dt}(p^2+p^2 t^2)^{1/2} \frac{p\vec{i} + pt\,\vec{j}}{\sqrt{p^2+p^2 t^2}} =$$

$$= \frac{1}{2} 2tp^2 (p^2+p^2 t^2)^{1/2} \frac{\vec{i}+\vec{j}}{\sqrt{1+t^2}}; \quad \text{y por lo tanto:}$$

$$\vec{a}_t = \frac{tp(\vec{i}+\vec{j})}{1+t^2}$$

Ejercicios de Física 2: Mecánica Clásica

$$\vec{a}_n = \vec{a} - \vec{a}_t = p\vec{j} - tp\frac{\vec{i}+t\vec{j}}{1+t^2} = \frac{-tp\vec{i}}{1+t^2} + \frac{p\vec{j}}{1+t^2}; \quad \text{y de esta manera:}$$

$$\vec{a}_n = \frac{-tp\vec{i} + p\vec{j}}{1+t^2}$$

$$\vec{r} = x\vec{i} + y\vec{j} = pt\vec{i} + \frac{1}{2}pt^2\vec{j}; \quad \text{así:}$$

a)
$$\vec{v} = \frac{d\vec{r}}{dt} \Rightarrow \vec{v} = p\vec{i} + pt\vec{j}; \quad \text{y también:}$$

$$\vec{a} = \frac{d\vec{v}}{dt} \Rightarrow \vec{a} = p\vec{j}$$

$$\|\vec{a}_n\| = \frac{v^2}{\rho} \Rightarrow \rho = \frac{v^2}{\|\vec{a}_n\|}; \quad \text{y por lo tanto:}$$

c) $\rho = \dfrac{p^2 + p^2 t^2}{\dfrac{\sqrt{t^2 p^2 + p^2}}{\sqrt{(1+t^2)^2}}} \Rightarrow \rho = p(1+t^2)^{3/2}$

7: radio de curvatura

Una partícula se mueve sobre una curva de ecuaciones: $x = 3t^2; \quad y = t; \quad z = 2t - 1$

Calcular:

a) Velocidad de la partícula para $t=1$

b) Componentes intrínsecas de la aceleración.

c) El radio de curvatura del movimiento.

8: tiempo y espacio

Un objeto tiene una aceleración dada por $\|\vec{a}\| = \dfrac{v^2}{k}$ donde k es una constante de valor $k = 3,7\,m$

¿Cuánto tiempo transcurre hasta que la velocidad del objeto se hace **5 veces** la inicial?.

Suponer que el movimiento comienza en $t=0$

¿Qué espacio habrá recorrido hasta tal instante?. La velocidad inicial es **4,5m/s**

SOLUCIÓN:

$a = \dfrac{dv}{dt} = \dfrac{v^2}{k};\ \Rightarrow\ \displaystyle\int_{v_o}^{5v_o}\dfrac{dv}{v^2} = \int_0^t \dfrac{dt}{k};\ \Rightarrow\ -(1/v)\Big|_{v_o}^{5v_o} = (t/k)\Big|_0^t;\ \Rightarrow$

$\Rightarrow\ 4k/5v_o = t\ \Rightarrow\ t = 0{,}66\,s$

$\displaystyle\int_{v_o}^{v}\dfrac{dv}{dt} = \int_0^t \dfrac{dt}{k}\ \Rightarrow\ -\dfrac{1}{v} + \dfrac{1}{v_o} = \dfrac{t}{k} = \dfrac{k - v_o t}{k v_o} = \dfrac{1}{v};\ y\ como:$

$\displaystyle\int_0^s ds = \int_0^{0,66} v\,dt = \int_0^{0,66} \dfrac{k v_o}{k - v_o t}\,dt\ \Rightarrow\ s = 5{,}95\,m$

9: tensiones

Calcular las tensiones de las dos cuerdas en los dos casos siguientes, si el peso suspendido es de **1.000kg**

Ejercicios de Física 2: Mecánica Clásica

1) 2)

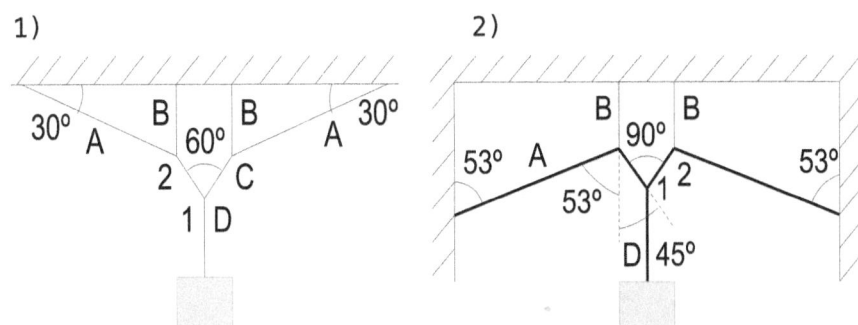

SOLUCIONES:

1)

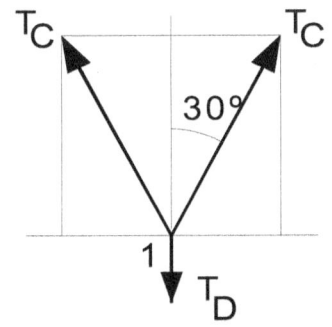

$2T_C \cos 30° = T_D = 10^3$
$T_C = 577kg$

$T_A \sin 30° + T_B = T_C \cos 30° = 500kg$
además:

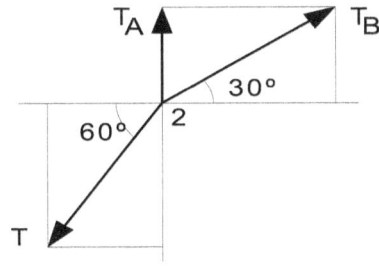

$T_C \sin 30° = T_A \cos 30°$ ⇒
$T_A = T_C \tan 30°$ ⇒

$T_A = 333,3kg$
$T_B = 333,3kg$

2)

21

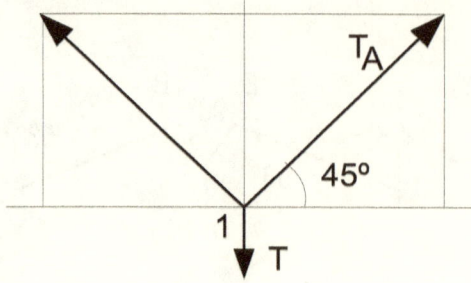

$2T_A \sin 45° = 10^3 \Rightarrow$
$T_A = 706 kg$

$T_B = T_A \sin 45° + T_C \cos 53°$
$T_A \sin 45° = T_C \sin 53° \Rightarrow$

$T_C = 625 kg$

$T_B = 875 kg$

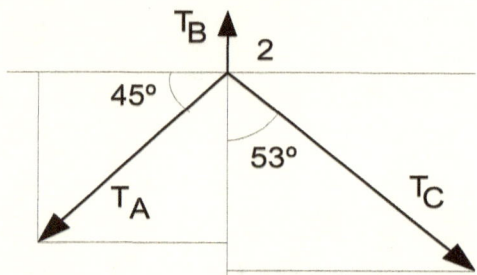

10: fuerza de rozamiento

Un bloque de **40 kg** descansa sobre un plano horizontal. El coeficiente estático de rozamiento es de **0,30** y el dinámico de **0,20** Calcular:

a) La fuerza de rozamiento.

b) La fuerza necesaria para que el bloque se mantenga en movimiento.

c) El ángulo que habría que inclinar el plano para que el bloque empezara a deslizar.

SOLUCIONES:

a) $F_r = \mu * N = 0,30 * 40 \Rightarrow$ **$F_r = 12 kg$**

b) $F = F'_r = \mu' * N = 0,2 * 40 \Rightarrow$ **$F = 8 kg$** opuesta a F'_r

c)

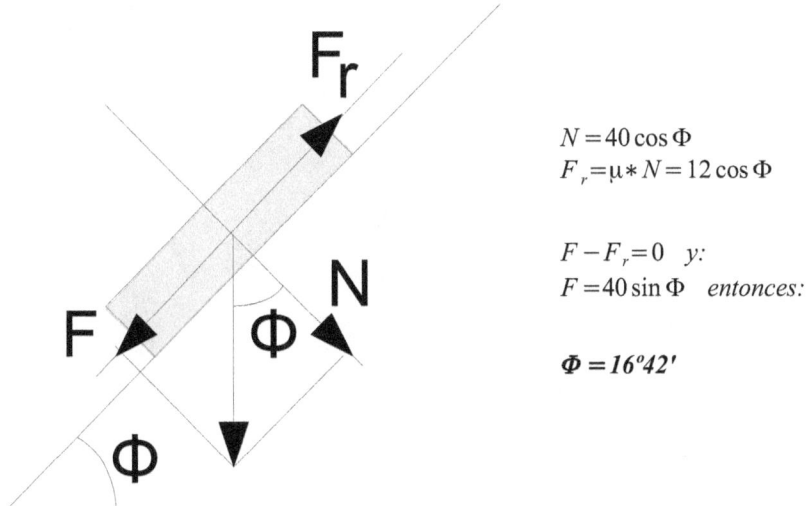

$N = 40 \cos \Phi$
$F_r = \mu * N = 12 \cos \Phi$

$F - F_r = 0$ y:
$F = 40 \sin \Phi$ entonces:

$\Phi = 16°42'$

11: rozamiento y peso

Calcular el peso del cuerpo **C**, para que el sistema de la figura siguiente empiece a deslizar.

Los coeficientes de rozamiento estáticos entre los bloques y la superficie son **0,40**

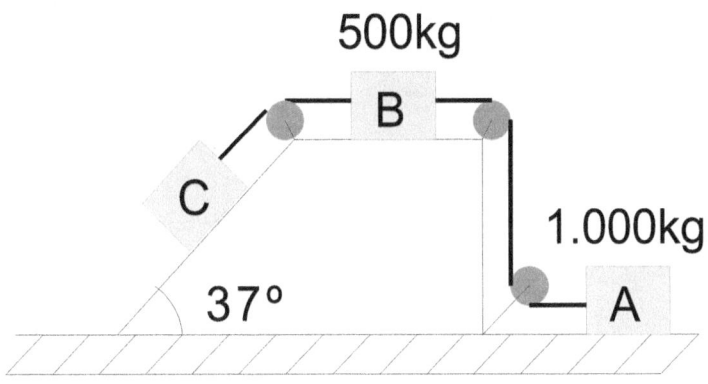

SOLUCIÓN:

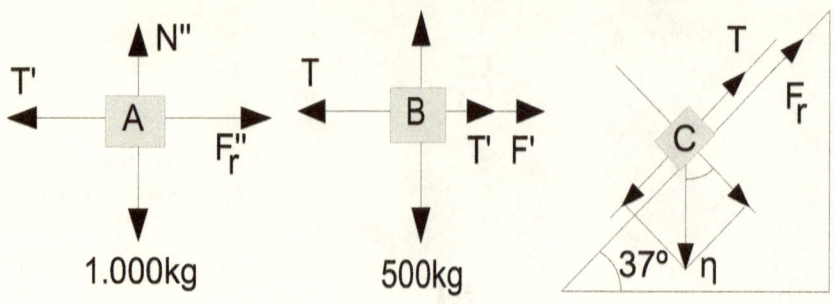

Para A:
$N''=1000\text{kg};\ F''_r=\mu*N''=0{,}4*10^3=400\text{kg};\ T'-F''_r=0 \Rightarrow T'=400\text{kg}$

Para B:
$N'=500\text{kg};\ F'_r=\mu*N'=0{,}4*500=200\text{kg};\ T-F'_r-T'=0 \Rightarrow T=600\text{kg}$

Para C:
$N=\eta\cos 37°;\ F_r=0{,}4*\eta*\cos 37°;\ \eta*\sin 37°-T-F_r=0 \Rightarrow \boldsymbol{\eta=2.142\text{kg}}$

12: tensión y fuerza

Calcular la tensión del cable y el valor y el sentido de la fuerza ejercida por la pared sobre el puntal en las siguientes figuras. El peso del puntal es **500kg**, longitud **2m** y su centro de gravedad está situado en el punto medio.

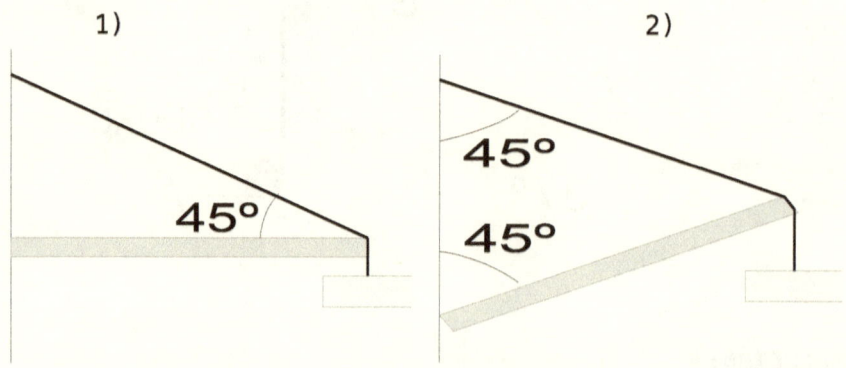

SOLUCIONES:

1)

$T\cos 45° - F_H = 0 \Rightarrow F_H = T\cos 45°$
$T\sin 45° + F_v = 1500 \Rightarrow F_v = 250 kg$
$y\ como:\ \sum M = 0 \Rightarrow 500*1 - F_v*2 = 0\ y\ de\ esta\ manera:$

$(T*\sqrt{2}/2) + 250 = 1500 \Rightarrow \mathbf{T = 1.765 kg}$

$F_H = T\cos 45° = 1250 kg\ y\ como:\ \tan\Phi = \dfrac{F_v}{F_H} \Rightarrow \mathbf{\Phi = 11°18'}$

2)

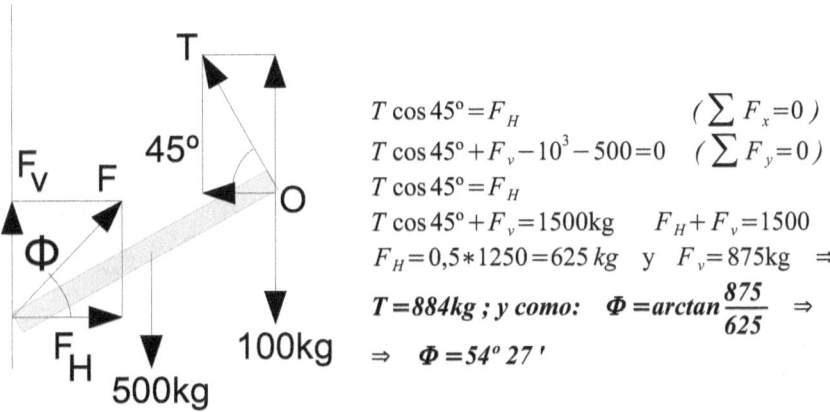

$T\cos 45° = F_H$ $\quad (\sum F_x = 0)$
$T\cos 45° + F_v - 10^3 - 500 = 0\ (\sum F_y = 0)$
$T\cos 45° = F_H$
$T\cos 45° + F_v = 1500 kg \quad F_H + F_v = 1500$
$F_H = 0,5 * 1250 = 625\ kg\ y\ F_v = 875 kg \Rightarrow$

$\mathbf{T = 884 kg};\ y\ como:\ \quad \Phi = \arctan\dfrac{875}{625} \Rightarrow$

$\Rightarrow \mathbf{\Phi = 54°27'}$

13: fuerza de reacción

Una escalera de **50kg y 4m** de longitud, se apoya sobre una pared vertical bajo un ángulo de **37º** El coeficiente de rozamiento entre la escalera y la pared es **0,40**

Calcular el valor y el sentido de la fuerza ejercida por el suelo sobre la escalera.

SOLUCIÓN:

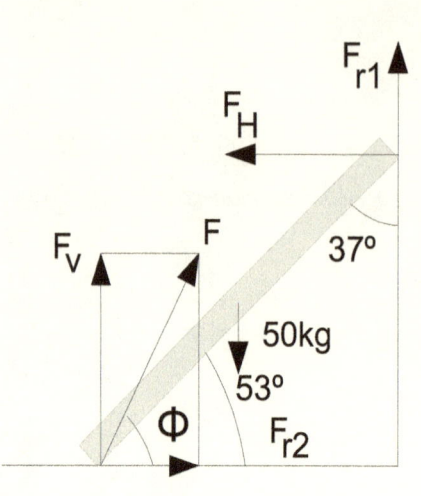

$$\sum F_x = 0 \Rightarrow F_H = F_{r2}$$
$$\sum F_y = 0 \Rightarrow F_{r1} + F_v = 50$$
$$\sum M = 0 \Rightarrow F_{r1} * 4\cos 53° +$$
$$+ F_H * 4\sin 53° - 50 * 2\cos 53° = 0 \Rightarrow$$

$$F_{r1} = \mu F_H = 0,4 * 4 * 0,6 + 4 * F_H * 0,8 -$$
$$-100 * 0,6 = 0 \Rightarrow$$
$$F_H = 14,42 \, kg \; y \; como:$$
$$F_{r2} = F_H = 14,42 \, kg \Rightarrow$$
$$F = (F_v^2 + F_H^2)^{1/2}$$

Así: $F = 46,5 \, kg$ y como:
$\Phi = \arctan 3,06 \Rightarrow \boldsymbol{\Phi = 72°}$

14: tensión, fuerza y dirección

Calcular la tensión del cable, el valor y dirección de la fuerza que ejerce el suelo sobre el puntal de **2m** de longitud, **1.000kg** de peso y centro de gravedad situado en su punto medio.

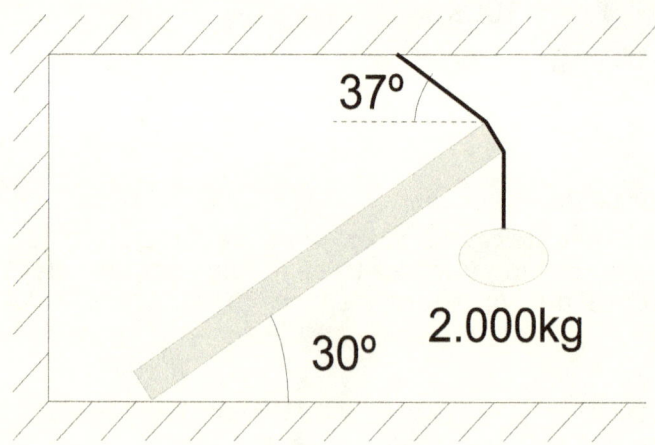

SOLUCIÓN:

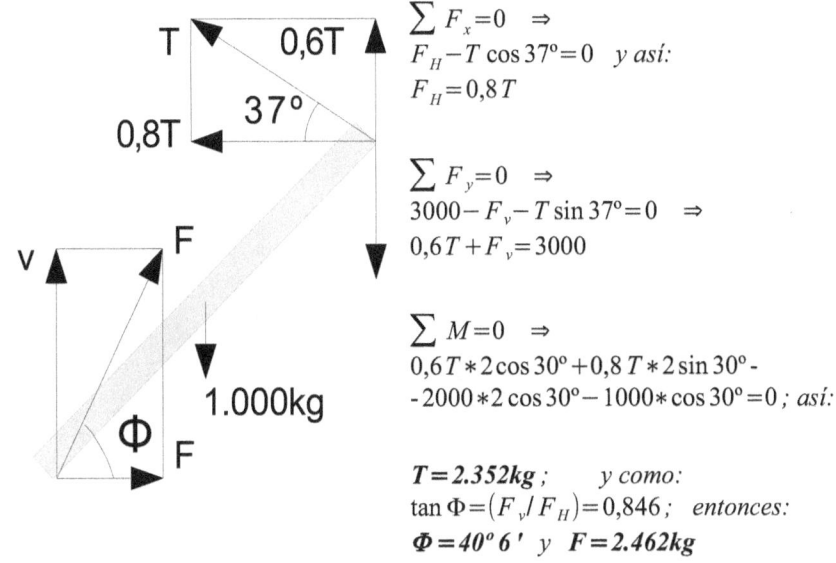

$\sum F_x = 0 \Rightarrow$
$F_H - T\cos 37° = 0$ y así:
$F_H = 0.8T$

$\sum F_y = 0 \Rightarrow$
$3000 - F_v - T\sin 37° = 0 \Rightarrow$
$0.6T + F_v = 3000$

$\sum M = 0 \Rightarrow$
$0.6T*2\cos 30° + 0.8T*2\sin 30° -$
$- 2000*2\cos 30° - 1000*\cos 30° = 0$; así:

$T = 2.352 kg$;   y como:
$\tan \Phi = (F_v / F_H) = 0.846$; entonces:
$\Phi = 40° 6'$ y $F = 2.462 kg$

15: fuerza y dirección

Calcular la fuerza que se ejerce sobre el soporte vertical y el valor y sentido de la fuerza ejercida por la pared vertical sobre el puntal de la figura siguiente, si la tensión en el cable es de **500kg**, el bloque pesa **1.000kg** y el puntal mide **3m**, pesa **500kg** y tiene el centro de gravedad en su punto medio.

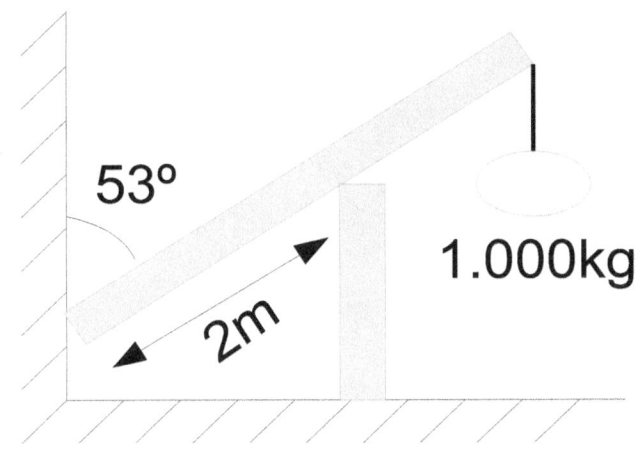

SOLUCIÓN:

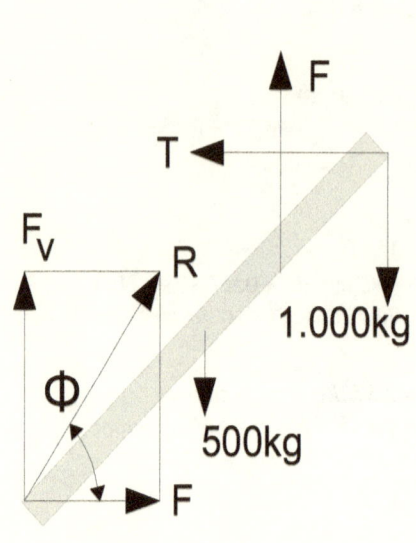

$\sum F_x = 0 \Rightarrow$
$F_H - T = 0$ *y así:*
$F_H = 500$kg

$\sum F_y = 0 \Rightarrow$
$F + F_v = 1500 \Rightarrow$
$F + F_v - 1500 = 0$

$\sum M = 0 \Rightarrow$
$F*2\sin 53° + T*3\cos 53° - 1000*$
$*3\sin 53° - 500*1,5*\sin 53° = 0$; *así:*
$1,8T + 1,6F = 3000 \Rightarrow$

$\boldsymbol{F = 1.312kg}$;   *y como:*
$F_v = 1500 - F \Rightarrow F_v = 188$kg $\Rightarrow$
$\Phi = \arctan(188/500) \Rightarrow \boldsymbol{\Phi = 20° 36'}$

16: centro de masas

Calcular el centro de masas del sistema formado por tres partículas de masas **2, 3** y **5 gramos**, cuyos vectores de posición son:

$\vec{r}_1 = 2\vec{i} - 3\vec{j} + 2\vec{k}$; $\vec{r}_2 = \vec{i} - 2\vec{j} + \vec{k}$; $\vec{r}_3 = 2\vec{j} - \vec{k}$ respectivamente.

SOLUCIÓN:

El centro de masas tendrá un vector de posición dado por la fórmula: $\vec{R} = \dfrac{\sum m_i * \vec{r}_i}{\sum m}$ y por lo tanto:

$\sum m_i = 2 + 3 + 5 = 10$; *con lo que:*

$$\vec{R} = \dfrac{4\vec{i} - 6\vec{j} + 4\vec{k} + 3\vec{i} - 6\vec{j} + 3\vec{k} + 10\vec{j} - 5\vec{k}}{10} = 0,7\vec{i} - 0,2\vec{j} + 0,2\vec{k}$$

17: fuerza y reacciones

Una varilla de longitud **1m** y **20kg** de peso, se apoya como la figura siguiente. Calcular la fuerza horizontal indicada y las reacciones de los apoyos sobre dicha varilla.

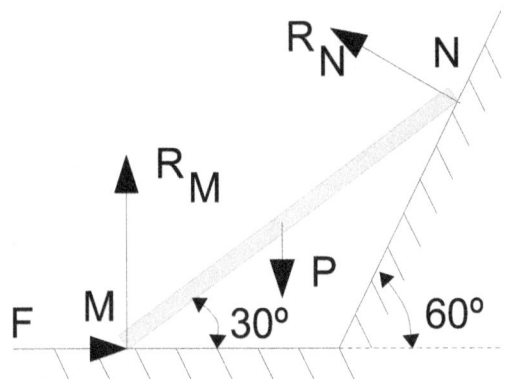

SOLUCIÓN:

$\sum F_x = 0 \Rightarrow F - R_N \sin 60° = 0$
$\sum F_y = 0 \Rightarrow R_M + R_N \cos 60° - P = 0$
$\sum M = 0 \Rightarrow P*0,5*\cos 30° - R_N \cos 30° = 0$, *y entonces:*
$R_N = 0,5*P \Rightarrow \boldsymbol{R_N = 10kg}$
$F = R_N \sin 60° \Rightarrow \boldsymbol{F = 8,66\ kg}$
$R_M = P - R_N \cos 60° \Rightarrow \boldsymbol{R_M = 15kg}$

18: tensión y componentes

Una barra homogénea de peso **20kg** está articulada en **A** y en su otro extremo, **B**, está sostenida por un cable tensado y sujeto a un punto **O** de la pared. La barra lleva colgado, en el extremo **B**, un peso **K = 40kg** y el sistema está en equilibrio si los ángulos $\alpha = \beta = 30°$

Calcular la tensión del cable y las componentes horizontal y vertical de la reacción en la articulación.

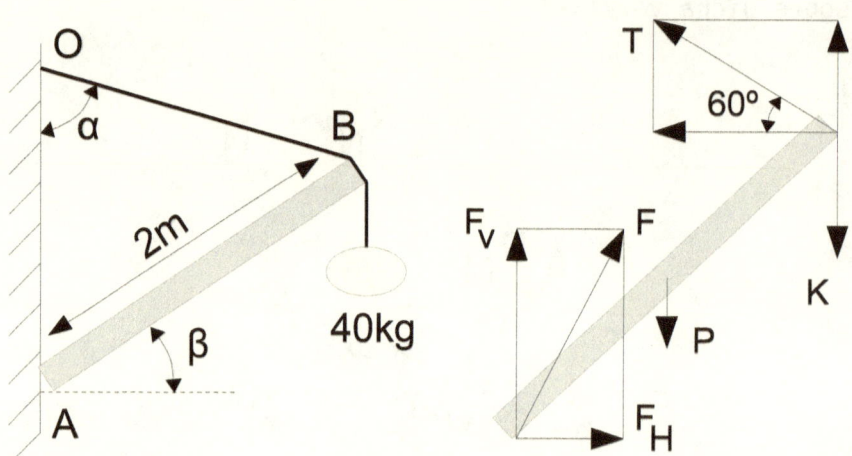

SOLUCIÓN:

$$\left. \begin{array}{l} \sum F_x = 0 \Rightarrow T\cos 60° - F_H = 0 \\ \sum F_y = 0 \Rightarrow T\sin 60° + F_v - K - P = 0 \\ \sum M = 0 \Rightarrow 2T - P\cos 30° - 2K\cos 30° = 0 \end{array} \right\} \Rightarrow$$

$T = \dfrac{(P+2k)\sqrt{3}}{4}$ ⇒ ***T = 43,3 kg***

$F_H = 0,5\,T$ ⇒ ***F_H = 21,65 kg***

$F_v = P + K - T*0,5\sqrt{3}$ ⇒ ***F_v = 23,5 kg***

19: altura de un cohete

Un cohete se lanza verticalmente al espacio. Suponiendo que la aceleración de la gravedad sigue la ley: $g = g_o - k_3 t$, donde **t** es el tiempo y g_o es la aceleración en el instante inicial.

Los **10** primeros segundos actúa sobre el cohete, debido a los gases, una fuerza: $F_1 = k_1 M$, donde **M** es la masa del cohete en cada instante.

Ejercicios de Física 2: Mecánica Clásica

A partir de los **10 segundos** iniciales, la fuerza que empuja al cohete es: $F_2 = k_2 M$

Calcular la altura alcanzada al cabo de **60s**, si sabemos que:

$g_o = 10 m/s^2$; $k_1 = 2 kg(peso)/kg(masa)$; $k_2 = 15 m/s^2$ y $k_3 = 0,1 m/s^3$

SOLUCIÓN:

*) Durante los 10 primeros segundos:

$F = F_1 - P = k_1 M - (g_o - k_3 t) M$ y como: $a = F/M$ ⇒

$a = \dfrac{k_1 M - (g_o - k_3 t) M}{M} = k_1 - g_o + k_3 t$; así:

$a = \dfrac{dv}{dt}$ ⇒ $dv = a\,dt$ ⇒ $\displaystyle\int_0^v dv = \int_0^t ((k_1 - g_o) + k_3 t)\,dt$ ⇒

$v = k_1 t - g_o t + 0,5 * k_3 t^2$ y como $ds = v\,dt$ ⇒

$\displaystyle\int_0^{s_1} ds = \int_0^{10} ((k_1 - g_o)t + 0,5 * k_3 t^2)\,dt$ ⇒ $s_1 = 516,67 m$

*) A partir de los 10 primeros segundos:

$F = F_2 - P = k_2 M - (g_o - k_3 t) M$ y como: $a_2 = F_2/M$ ⇒

$a_2 = \dfrac{k_2 M - (g_o - k_3 t) M}{M} = k_2 - g_o + k_3 t$ ⇒

como: $dv = a_2\,dt$ ⇒ $\displaystyle\int_{v_{10}}^v dv = \int_{t_{10}}^t a\,dt$, entonces:

$v_{10} = (k_1 - g_o) * 10 + 0,5 * k_3 * 100 = 105 m/s$ ⇒

$\displaystyle\int_{s_1}^{s_2} ds = \int_{10}^{60} ((5/2)t^2 + (0,05/3)t^2 + 50)\,dt$ ⇒

$s_2 = 15.350 m$ y como en los límites de integración está incluido s_1 entonces: $s_T = s_2$ y así: $s_T = 15.350 m$

20: rozamiento, tiempo y distancia

Una canoa de masa **M**, que lleva inicialmente una velocidad v_o, se ve frenada por una fuerza de rozamiento cuyo valor viene dado por la expresión $F = -b e^{av}$ donde **a** y **b** son constantes.

Calcular:

a) El tiempo que tarda en pararse.

b) La distancia que recorre hasta detenerse.

SOLUCIÓN:

$$a=\frac{dv}{dt}=\frac{F}{m}=\frac{-be^{av}}{m} \Rightarrow dt=\frac{-m}{b}e^{-av}dv \Rightarrow$$

$$t=-(m/b)\int_{v_o}^{v} e^{-av}dv=(m/ab)(e^{-av}-e^{-av_o}) \quad y\ como:$$

a) $dx=vdt$, entonces: $dx=-(m/b)e^{-av}vdv \Rightarrow$

$$x=(-m/b)\int_{v_o}^{v} ve^{-av}dv=(-m/b)((-v/a)e^{-av}\Big|_{v_o}^{v}+(1/a)\int_{v_o}^{v} e^{-av}dv)=$$

$$=(m/a^2 b)(ave^{-av}-av_o e^{-av_o}+e^{-av}-e^{-av_o}) \quad y\ se\ detiene\ si \quad v=0 \Rightarrow$$

$$t=(m/ab)(1-e^{-av_o})$$

b)   Al detenerse la velocidad es nula, entonces:

$$x=(m/a^2 b)(1-e^{-av_o}-av_o e^{-av_o})$$

21: módulo velocidad

Un objeto móvil, que parte del origen de coordenadas, recorre la parábola $x^2=2y$, donde **x** é **y** están en metros, de tal manera que la proyección del movimiento sobre el eje **OX** es un movimiento uniforme y de velocidad $v_o=2m/s$

Calcular, al cabo de $t=\sqrt{2}$ **s**:

a) El módulo de la velocidad.

b) Las componentes intrínsecas de la aceleración.

c) El radio de curvatura

Ejercicios de Física 2: Mecánica Clásica

SOLUCIONES:

a) $\vec{r} = x\vec{i} + y\vec{j} = x\vec{i} + 0.5x^2\vec{j}$ pues: $x^2 = 2y$ y así:

$\vec{v} = \dfrac{d\vec{r}}{dt} = \dfrac{dx}{dt}\vec{i} + x\dfrac{dx}{dt}\vec{j} = v_x\vec{i} + v_y\vec{j}$ con: $v_x = 2\,m/s$ ⇒

$dx = 2dt$ ⇒ $\displaystyle\int_0^x dx = \int_0^t 2dt$ ⇒ $x = 2t$ y así:

$\vec{v} = 2\vec{i} + 4t\vec{j}$, que para $t = \sqrt{2}\,s$ ⇒ $//\vec{v}// = 6\,m/s$

b) $\vec{a} = \dfrac{d\vec{v}}{dt} = 4\vec{j}$ ⇒ $\vec{a}_t = \dfrac{dv}{dt}\vec{v}_o = \left(\dfrac{d}{dt}\sqrt{4+16t^2}\right)\dfrac{2\vec{i}+4t\vec{j}}{\sqrt{4+16t^2}}$ ⇒

$\vec{a}_t = 16t(4+16t^2)^{-1/2}\dfrac{2\vec{i}+4t\vec{j}}{\sqrt{4+16t^2}} = \dfrac{32t\vec{i}+64t^2\vec{j}}{4+16t^2}$ ⇒

$\vec{a}_t$ para $t = \sqrt{2}$ será: $\vec{a}_t = (1/9)(8\sqrt{2}\vec{i} + 32\vec{j})\,m/s^2$

$\vec{a}_n = \vec{a} - \vec{a}_t$ ⇒ $\vec{a}_n = (1/9)(-4\sqrt{2}\vec{i} + (36-8\sqrt{2})\vec{j})\,m/s^2$

c) $\rho = (v^2/a_n)$ ⇒ $\rho = 36/\sqrt{7,9}\,m$

22: radio de curvatura

Una partícula se mueve en el espacio con velocidad dada por la expresión: $\vec{v} = e^t\vec{i} + mt^2\vec{j} - (1/3)t^3\vec{k}$, siendo **m** una constante.

Calcular:

a) El vector de posición de la partícula, en función del tiempo, sabiendo que para $t=0$ la partícula está situada en el punto **(0,0,1)**

b) El radio de curvatura de la trayectoria para $t=0$

c) El valor de **m** para que la trayectoria sea plana.

SOLUCIONES:

a) $\vec{r}=\int \vec{v}\,dt \;\Rightarrow\; \vec{r}=e^t\vec{i}+m\dfrac{t^3}{3}\vec{j}-\dfrac{1}{12}t^4\vec{k}+x_o\vec{i}+y_o\vec{j}+z_o\vec{k}$

  y para $t=0 \;\Rightarrow\; \vec{r}_o=(1+x_o)\vec{i}+y_o\vec{j}+z_o\vec{k}=\vec{k} \;\Rightarrow\;$
  $1+x_o=0;\; y_o=0$ y $z_o=1;\;$ así el vector $\vec{r}$ será:
  $\vec{r}=(e^t-1)\vec{i}+(m/3)t^3\vec{j}+(1-(t^4/12))\vec{k}$

b) Si: $t=0 \;\Rightarrow\; \vec{v}=\vec{i}\;$ y por lo tanto:

  $\vec{a}=\dfrac{d\vec{v}}{dt}=e^t\vec{i}+2mt\vec{j}-t^2\vec{k}\;(si\,t=0) \;\Rightarrow\; \vec{a}=\vec{i}\;$ entonces:

  $\vec{a}_t=(dv/dt)(\vec{v}/v) \;\Rightarrow\; \vec{a}_t=\vec{i} \;\Rightarrow\; \vec{a}_n=0 \;\Rightarrow\; \rho=\infty$

c) Para ser plana: $r_y=0 \;\Rightarrow\; m=0\;$ y así:
  $\vec{r}=(e^t-1)\vec{i}+(1-(t^4/12))\vec{k}\quad$ en el plano: $\quad y=0$

23: ecuación de trayectoria

Se lanza un proyectil desde el punto de coordenadas **(2,3,1)**, con velocidad $\vec{v}_o=3\vec{i}+4\vec{j}$, donde el vector de la aceleración es $\vec{g}=-10\vec{j}$

Calcular:

a) Aceleración, velocidad y posición para tiempo **t**
b) Ecuación de la trayectoria.
c) Componentes intrínsecas de la aceleración y el radio de curvatura en el vértice de la parábola.

SOLUCIÓN:

a) $\vec{a}=-10\vec{j} \;\Rightarrow\; \vec{v}=\vec{v}_o+\vec{g}t=3\vec{i}+4\vec{j}-10t\vec{j} \;\Rightarrow\;$
  $\vec{v}=3\vec{i}+(4-10t)\vec{j} \;\Rightarrow\; \vec{r}=\vec{r}_o+\vec{v}_o t+0,5\vec{g}t^2=$
  $=2\vec{i}+3\vec{j}+\vec{k}+(3\vec{i}+4\vec{j})t+0,5(-10)t^2\vec{j}\;$ y así:
  $\vec{r}=(2+3t)\vec{i}+(3+4t-5t^2)\vec{j}+\vec{k}$

b) $\vec{r}*\vec{i}=2+3t=x$; $\vec{r}*\vec{j}=3+4t-5t^2=y$; $\vec{r}*\vec{k}=1$ ⇒
$x=2+3t$; $y=3+4t-5t^2$; $z=1$

c)
$v_y=0$ ⇒ $4-10t=0$ ⇒ $t=0,4$ pues: $y=3+4t-5t^2$
$a_t=\dfrac{\vec{v}*\vec{a}}{v}$ donde: $v=(9+16-80t+100t^2)^{1/2}$ ⇒

como: $\vec{v}=3\vec{i}+(4-10t)\vec{j}$ y $\vec{a}=-10\vec{j}$, entonces:
$\vec{v}*\vec{a}=100t-40$; y si $t=0,4$ ⇒ $\vec{v}*\vec{a}=0$ y así:
$a_t=0$ y como: $a_n=(//\vec{v}\times\vec{a}//)/v$ entonces:

$\vec{v}\times\vec{a}=\begin{vmatrix} \vec{i} & \vec{j} & \vec{k} \\ 3 & 4-10t & 0 \\ 0 & -10 & 0 \end{vmatrix}=-30\vec{k}$, y $v=3m/s$, entonces:

$\vec{a}_n=30/3$ ⇒ $a_n=10m/s^2$

$\rho=\dfrac{v^3}{//\vec{v}\times\vec{a}//}=3^3/30$ ⇒ $\rho=0,9m$

24: trayectoria, velocidad y componentes

La ecuación de la trayectoria descrita por una partícula es: $y^2=4x$ con $x=0$, $y=0$ En $t=0$, la partícula pasa por el origen de coordenadas. La proyección del movimiento sobre el eje **OX** es un movimiento uniformemente acelerado con $a=8m/s^2$

Calcular:

a) Velocidad de la partícula al pasar por el origen de coordenadas.

b) El instante en el cual el vector velocidad forma un ángulo de **30º** con el eje **OX**

c) Las componentes intrínsecas de la aceleración y el radio de curvatura en el instante $t=3$ segundos.

SOLUCIÓN:

a) $x = x_o + v_o t + 0,5 a t^2 \Rightarrow x = 4t^2 \Rightarrow y = 4t$ y así:
$\vec{r} = 4t^2 \vec{i} + 4t \vec{j} \Rightarrow \vec{v} = 8t \vec{i} + 4 \vec{j}$ y en el origen: $\vec{v} = 4 \vec{j}$

b)

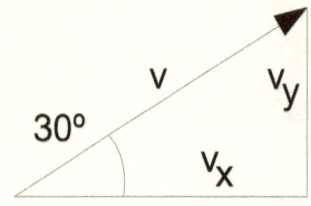

$\vec{v} = 8t \vec{i} + 4 \vec{j} \Rightarrow v_x = 8t; \; v_y = 4 \quad$ así:

$\tan \dfrac{\sqrt{3}}{3} = \dfrac{4}{8t} \Rightarrow t = \sqrt{3}/2$

c) $a_t = \dfrac{\vec{a} * \vec{v}}{v}$, como: $\vec{a} = \vec{i}$ y $\vec{v} = 8t \vec{i} + 4 \vec{j}$ entonces:

$\vec{a} * \vec{v} = 64t$ y $// \vec{v} // = (64 t^2 + 16)^{1/2} \Rightarrow$

$a_t = \dfrac{64 t}{(64 t^2 + 16)^{1/2}} \Rightarrow a_{t(t=3)} = 7{,}9 \, m/s^2$

$a_n = (// \vec{v} \times \vec{a} //)/v$ y como sucede que:

$\vec{v} \times \vec{a} = \begin{vmatrix} \vec{i} & \vec{j} & \vec{k} \\ 8t & 4 & 0 \\ 8 & 0 & 0 \end{vmatrix} = -32 \vec{k}$ entonces:

$a_n = \dfrac{32}{\sqrt{64 t^2 + 16}}$ y para $t = 3 \Rightarrow a_n = 1{,}3 \, m/s^2$

$\rho = \dfrac{v^3}{// \vec{v} \times \vec{a} //} \Rightarrow \rho = 450 \, m$

25: altura, distancia y velocidad

Un avión está a cierta altura cuando intenta aterrizar. Su posición respecto al suelo, durante la operación, es definida por el vector:

$$\vec{r} = 900 \cos \pi t \, \vec{i} + 900 \sin \pi t \, \vec{j} + (600 - 40 t) \vec{k}$$

Calcular, para $t = 1$ segundo:

a) La altura y la distancia a la que se encuentra el avión.

b) La velocidad y la aceleración.

c) El radio de curvatura.

SOLUCIONES:

a) $\left. \begin{array}{l} x=900\cos\pi t \\ y=900\sin\pi t \end{array} \right\}$ para $t=1$ ⇒ $x=-900$, $y=0$
$z=600-40t=H$, que para $t=1$ $H=560m$
$d=(x^2+z^2)^{1/2}$ ⇒ $d=704m$

b) $\vec{v}=\dfrac{d\vec{r}}{dt}=-900\pi\sin\pi t\,\vec{i}+900\pi\cos\pi t\,\vec{j}-40\,\vec{k}$ y si $t=1$ ⇒
$\boldsymbol{\vec{v}=-900\pi\,\vec{j}-40\,\vec{k}}$ y como: $\vec{a}=\dfrac{d\vec{v}}{dt}$, entonces:
$\vec{a}=-900\pi^2\cos\pi t\,\vec{i}-900\pi^2\sin\pi t\,\vec{j}$ y si: $t=1$ ⇒
$\boldsymbol{\vec{a}=900\pi^2\,\vec{i}}$

c) $\rho=\dfrac{v^3}{//\vec{v}\times\vec{a}//}$; donde: $v=(900^2\pi^2+40)^{1/2}$ ⇒
$v=900$m/s y entonces como:

$\vec{v}\times\vec{a}=\begin{vmatrix} \vec{i} & \vec{j} & \vec{k} \\ 0 & -900\pi & -40 \\ 900\pi^2 & 0 & 0 \end{vmatrix}=900\pi^2(-40\,\vec{j}+900\pi\,\vec{k})$ y así:

$\rho=900m$

26: velocidad y trayectoria

Dada una escalera de longitud $l=2m$, resbalando su pie, a una velocidad constante $v_x=2m/s$

Calcular:

a) La velocidad v_y cuando el ángulo Φ es de 60º

b) La trayectoria descrita por el punto M, siendo M el punto medio de tal escalera.

SOLUCIONES:

a)

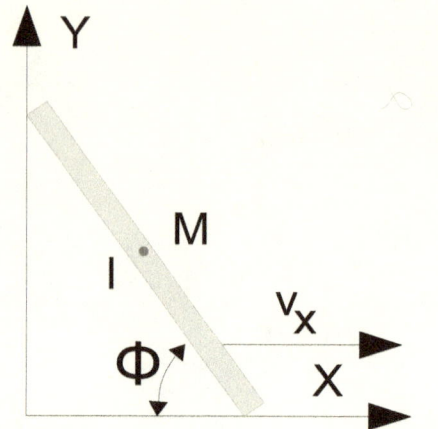

$l^2 = x^2 + y^2$, derivando:
$0 = 2x\,dx + 2y\,dy$ y así:
$y\dfrac{dy}{dt} = -x\dfrac{dx}{dt}$, entonces:
$yv_y = -xv_x$ y como:
$v_y = -\cot\Phi\, v_x \Rightarrow$
$$v_y = 2\dfrac{\sqrt{3}}{3}\, m/s$$

Si X_M e Y_M son las coordenadas de M, entonces:

b) $X_M^2 + Y_M^2 = l^2/4 = 1 \Rightarrow$

La trayectoria descrita por M es una circunferencia de radio 1m

---

27: velocidad angular

Dadas dos poleas coaxiales de radios: $R_1 = 0{,}10\,m$ y $R_2 = 0{,}05\,m$ y una tercera polea de radio $R = 0{,}20\,m$ Si el cuerpo **p** desciende con aceleración constante $a_p = 5\,m/s^2$, partiendo del reposo. Calcular la velocidad angular del disco de radio **R** para un instante **t** si no hay deslizamientos entre las poleas.

SOLUCIÓN:

$a_p = \alpha_{12} R_2 \Rightarrow \alpha_{12} = 100\,rd/s^2$ por otra parte:
$a_1 = \alpha_{12} R_1 = 10\,m/s^2$ y así:

$a = \alpha R \Rightarrow \alpha = 50\,rd/s^2$ con:
$a = a_1$ entonces, como:

$\alpha = \dfrac{d\omega}{dt} \Rightarrow d\omega = 50\,dt \Rightarrow \omega = 50t$

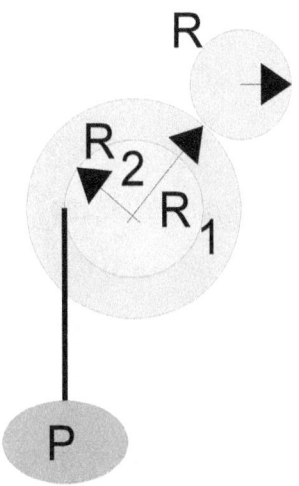

28: fuerza propulsora

Para un cohete que parte del reposo y sube verticalmente, se dan los siguientes datos:

masa inicial: $m_o = 10Tm$

velocidad relativa de escape de los gases: $v = 1.000 m/s$

Calcular:

a) La fuerza propulsora del cohete.

b) La función $m = f(t)$

c) La aceleración inicial y para $t = 10s$

SOLUCIONES:

a) $\vec{F} + \vec{v}\dfrac{dm}{dt} = m\vec{a}$ y $\vec{R} = \vec{v}\dfrac{dm}{dt}$ donde: $\vec{R}$ es la fuerza propulsora $\Rightarrow$
$R = 1.000 * 200$ $\Rightarrow$ $R = 2*10^5 Nw$

b) $\dfrac{dm}{dt} = -200 \;\Rightarrow\; dm = -200dt \quad entonces:$

$\displaystyle\int_{m_o}^{m} dm = \int_{0}^{t} -200dt \;\Rightarrow\; m-m_o = -200t \;\Rightarrow\; \boldsymbol{m = 10.000 - 200t}$

c) $a = \dfrac{F-P}{m} \;\Rightarrow\; F = R \;\Rightarrow\; a = \dfrac{200.000 - mg}{m}; \quad entonces:$

$si: \; t=0 \;\Rightarrow\; \boldsymbol{a = 10 m/s^2} \quad y \; si: \; t=10 \;\Rightarrow\; \boldsymbol{a = 15 m/s^2}$

29: impulso

Una esfera de **1kg** cae verticalmente y choca contra el suelo a una velocidad de **25m/s** Vuelve a subir con velocidad **10m/s**

Calcular:

a) El impulso que actúa sobre ella durante el contacto con el suelo.

b) Si el contacto con el suelo dura **0,02s** ¿cuál es la fuerza ejercida por el suelo?.

SOLUCIONES:

a) $I = p_2 - p_1 = m(v_2 - v_1) = 1(-10-2); \quad así:$
$\boldsymbol{I = 35 kg*m/s} \quad (hacia\;arriba)$

b) $I = \displaystyle\int_{t_1}^{t_2} Fdt \;\Rightarrow\; I = F_m(t_2 - t_1) \; de\;esta\;manera:$
$\boldsymbol{F_m = 1.750 Nw}$

30: trabajo

Dado un péndulo simple de longitud **5m** y masa **m=2kg**, en equilibrio en la posición indicada en la figura gracias a una fuerza horizontal. Si disminuye tal fuerza hasta que el péndulo quede vertical, ¿qué trabajo se habrá realizado?.

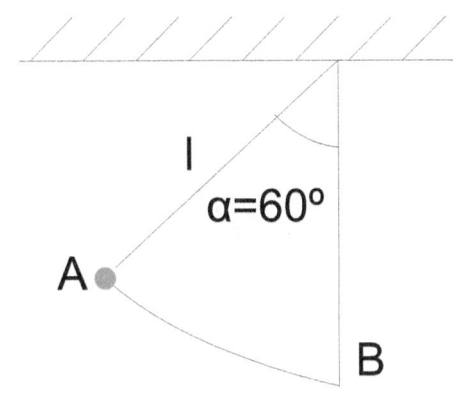

SOLUCIÓN:

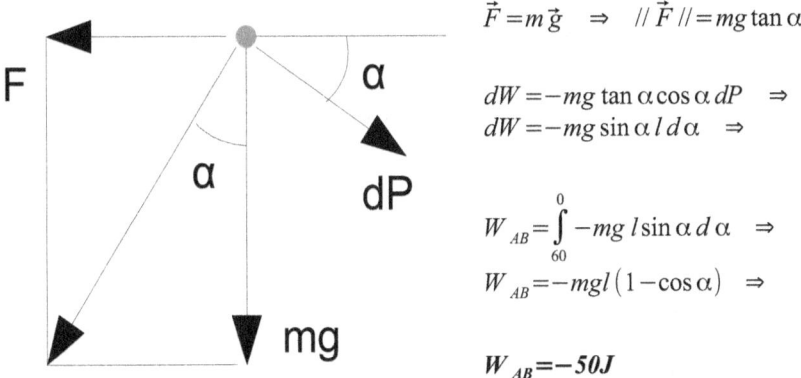

$$\vec{F}=m\vec{g} \Rightarrow //\vec{F}//=mg\tan\alpha$$

$$dW=-mg\tan\alpha\cos\alpha\, dP \Rightarrow$$
$$dW=-mg\sin\alpha\, l\, d\alpha \Rightarrow$$

$$W_{AB}=\int_{60}^{0}-mg\, l\sin\alpha\, d\alpha \Rightarrow$$
$$W_{AB}=-mgl(1-\cos\alpha) \Rightarrow$$

$$W_{AB}=-50J$$

31: equilibrio

Un peso de **10kg** pende de un hilo como indica la siguiente figura.

Calcular los pesos iguales que hay que colgar de los extremos de la cuerda, que pasa por las poleas **A y B**, para que exista equilibrio cuando el ángulo **AOB** es recto o tiene cualquier valor.

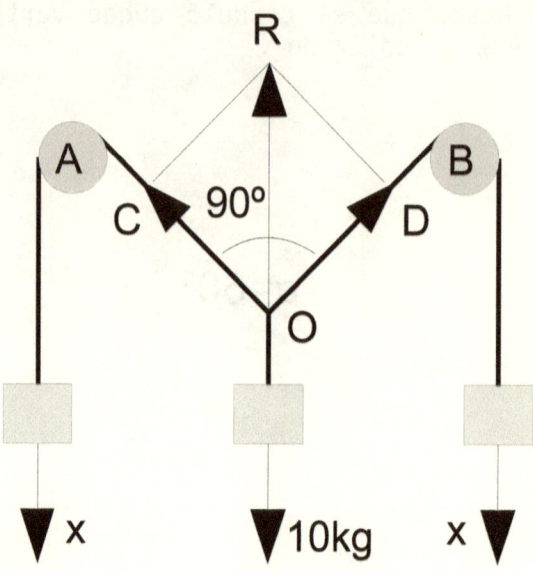

SOLUCIÓN:

Debe suceder que: $OR = 10$ kg y además:

$OR = \sqrt{2*OD^2}$ ⇒ **$OD = 5\sqrt{2}$ kg** ;   *y cuando el ángulo no es recto:*

$AOB \neq 90°$ ⇒ $10^2 = x^2 + x^2 + 2x^2 \cos\phi$ *y así sucede:*

$x = 100/(2(1+\cos\phi))^{1/2}$ kg

32: equilibrio y fuerza

En la siguiente figura, calcular una fuerza perpendicular a **AB** y que hay que aplicar en **D** para darse el equilibrio.

Suponer que **O** es fijo y se saben los siguientes datos:

$f_1=10kg$; $f_2=15kg$; $f_3=5kg$
$OA=50cm$; $OD=25cm$; $OB=100cm$ y $OC=75cm$

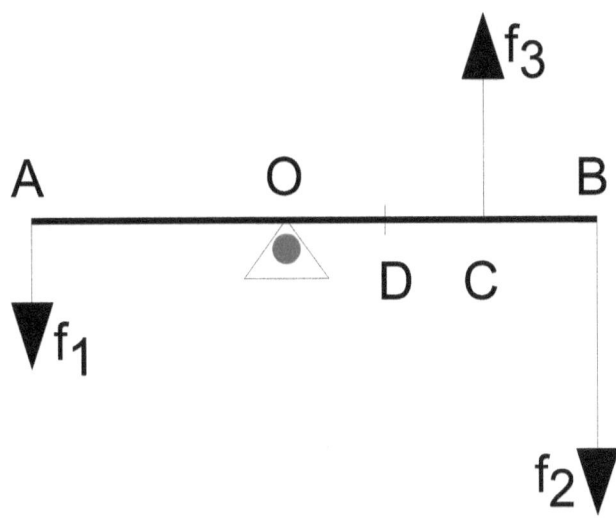

SOLUCIÓN:

Se ha de cumplir que: $M_1+M_2+M_3+M_4=0$; *así:*

$10*OA+5*OC-15*OB+x*25=0$, *esto es:*

$10*50+5*75-15*100+x*25=0 \Rightarrow$ **$x=25kg$**

33: tensiones y ángulos

Calcular las tensiones de las cuerdas en función del ángulo ϕ y del peso, basándose en que para $\phi=30°$, $p=100kp$

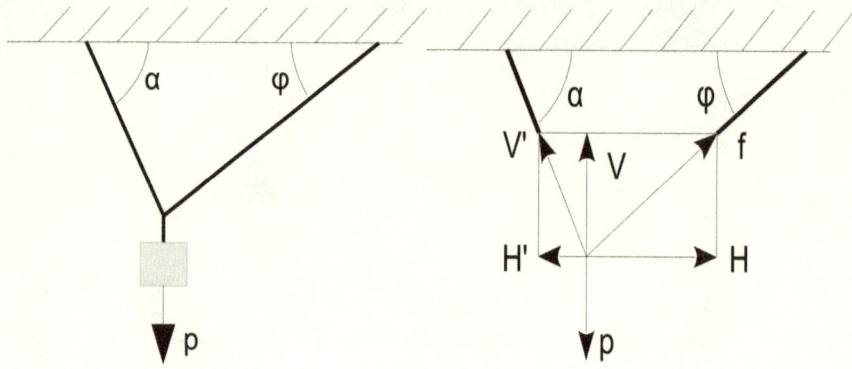

SOLUCIÓN:

Tenemos que:

$$\left.\begin{aligned} H &= H' \\ P &= V + V' = 2V \\ V &= f \sin\varphi \\ P &= 2f \sin\varphi \end{aligned}\right\} \Rightarrow$$

$f = P/(2\sin\varphi)$ *y así, como:* $P = 100\,kp$ *y* $\varphi = 30°$ *entonces:*

f = 100kp

34: caída, fuerza y espacio

Se deja caer libremente un cuerpo de **10grs** de masa y cuando su velocidad es de **20m/s**, se le opone una fuerza de **xNw** que detiene su caída al cabo de **4 segundos**.

Calcular:

a) El valor de **x** de la fuerza.

b) ¿Qué espacio habrá recorrido hasta el momento de oponérsele la fuerza?

c) ¿Qué espacio habrá recorrido hasta pararse?.

SOLUCIONES:

a) $\left.\begin{array}{l}F=ma\\a=v/t\end{array}\right\} \Rightarrow Ft=mv \Rightarrow F=0{,}05\,Nw \Rightarrow$

$x=0{,}05+0{,}01*9{,}8 \Rightarrow \boldsymbol{x=0{,}15\,Nw}$

b) $v=(2gh)^{1/2} \Rightarrow v^2=2gh \Rightarrow \boldsymbol{h=20m}$

c) $s=0{,}5vt \Rightarrow s=0{,}5*20*4=40m\,;\quad y\,así:$
$s_T=s+h\quad y\,por\,lo\,tanto:\quad \boldsymbol{s_T=60m}$

35: aceleración, tensión y energía cinética

Un automóvil ejerce una fuerza de tracción de **120kp** y arrastra un remolque con una cuerda. El automóvil tiene una masa de **800kg** y el remolque **1.000kg** Calcular:

a) La aceleración del movimiento.

b) La tensión de la cuerda, teniendo en cuenta las fuerzas que actúan en los extremos.

c) La energía cinética que poseerá el conjunto cuando, partiendo del reposo haya recorrido **20m**

d) La velocidad alcanzada en el caso anterior.

SOLUCIONES:

a) $f=ma \Rightarrow a=f/m \Rightarrow \boldsymbol{a=0{,}65\,m/s^2}$

b) $T=m_2 a=(1000*120*9{,}8)/(9{,}8*1800)=66{,}6\,kp \Rightarrow$
$T=f-m_1 a=120-(800*120*10)/(9{,}8*1800)\quad y\,así:$
$\boldsymbol{T=66{,}6\,kp}$

c) $E_c = 0,5\,mv^2 = 0,5*1800*5,1^2$ ⇒ $E_c = 23,41\,kJ$

d) $v = \sqrt{2as} = \sqrt{2*0,65*20}$ ⇒ $v = 5,1\,m/s$

36: choque elástico

Desde lo alto de una torre de **95m** de altura, se deja caer una piedra, **1 segundo** después se lanza otra igual desde el suelo hacia arriba, en igual vertical, chocando ambas en igual punto, situado en el medio de la torre. Si el choque es elástico (se conserva la energía cinética y la cantidad de movimiento).

Calcular las velocidades de las piedras después del choque.

¿Hasta qué altura asciende la primera?.

Si no chocaran: ¿hasta qué altura subiría la segunda piedra?.

SOLUCIONES:

$v_1 = (2gh)^{1/2} = (2*9,8*0,5*95)^{1/2} = 30\,m/s$
$v_1 = gt$ ⇒ $t = 3s$ y por lo tanto:

$h_2 = v_{o2}t_2 - 0,5\,gt_2^2$ y $v_2 = v_{o2} - gt_2$ con: $h_2 = 47,5\,m$ ⇒

$v_{o2} = (2h_2 + gt_2^2)/2t^2 = 34\,m/s$ y $v_2 = 14\,m/s$ y si el choque es elástico:

$P_o = P_f$ y por lo tanto:

$mv_1 + mv_2 = mv'_1 + mv'_2;$ además:
$E_{co} = E_{cf}$ y entonces:

$0,5\,mv_1^2 + 0,5\,mv_2^2 = 0,5\,mv\,'^2_1 + 0,5\,mv\,'^2_2 \Rightarrow$
$v_1 + v_2 = v\,'_1 + v\,'_2 \quad y \quad v_1^2 + v_2^2 = v\,'^2_1 + v\,'^2_2 \quad entonces:$

$v\,'_2 = v_1 + v\,'_1 - v_2 \Rightarrow v_2 = 2v\,'_1 - v_2 \Rightarrow v\,'_1 = v_2 \Rightarrow$
$v\,'_2 = v_1 \Rightarrow \boldsymbol{v\,'_1 = 14 m/s} \quad y \quad \boldsymbol{v\,'_2 = -34 m/s}$

$v\,'_1 = (2gh\,'_1)^{(1/2)} \Rightarrow \boldsymbol{h\,'_1 = 10m} \quad y\ por\ otra\ parte:$
$v_{o2} = (2gh\,'_2)^{1/2} \Rightarrow h\,'_2 = v_{o2}/(2g) \Rightarrow \boldsymbol{h\,'_2 = 58m}$

37: conservando energía

Una fuerza de **14din**, actuando sobre un punto material en reposo, le comunica una velocidad de **20cm/s** después de recorrer una distancia de **50cm**

Calcular el tiempo invertido en dicho recorrido, la masa del punto material y su aceleración.

SOLUCIÓN:

$T = 0,5\,mv^2 = F*s \Rightarrow m = (2fs)/v^2 \Rightarrow \boldsymbol{m = 3,5\ gr}$

$fdt = d(mv) \Rightarrow t = (mv)/t \Rightarrow \boldsymbol{t = 5s}$
$f = ma \Rightarrow a = f/m \Rightarrow \boldsymbol{a = 4cm/s^2}$

38: caída, tiempo y velocidad

Una piedra que cae libremente, pasa a las **10 horas** frente a un observador situado a **300m** del suelo y a las **10 horas y 2 segundos** frente a un observador situado a **200m** del suelo.

Calcular:

a) La altura desde la que cae.

b) ¿En qué momento llegará al suelo?.

c) La velocidad de llegada al suelo.

SOLUCIONES:

a)

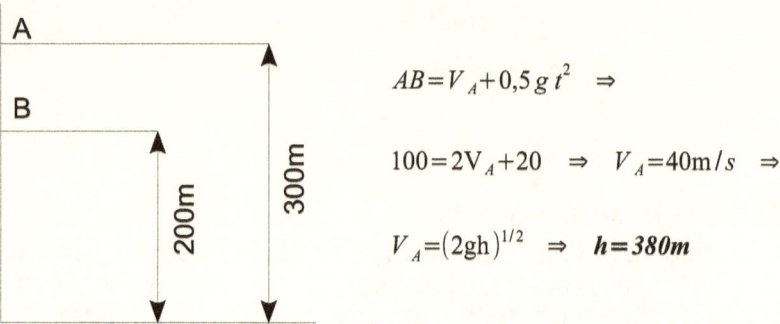

$AB = V_A + 0,5\,g\,t^2 \Rightarrow$

$100 = 2V_A + 20 \Rightarrow V_A = 40 m/s \Rightarrow$

$V_A = (2gh)^{1/2} \Rightarrow$ **$h = 380m$**

b) $300 = V_A t + 0,5\,g\,t^2 \Rightarrow 300 = 40t + 5t^2 \Rightarrow t = 4,7\,s$
Entonces llegará al suelo a las: **10h y 4,7 s**

c) $V = V_A + g t \Rightarrow V = 40 + 10*4,7 \Rightarrow$ **$V = 87 m/s$**

39: aceleración tangencial y normal

Un tren parte del reposo en una vía circular de **400m** de radio, moviéndose uniformemente acelerado hasta que a los **50 segundos** de iniciada su marcha alcanza la velocidad de **72km/h** y conservando desde tal momento tal velocidad.

Calcular:

a) Aceleración tangencial en la primera etapa.

b) Aceleración normal, aceleración total y la longitud de la vía recorrida en tal tiempo, en el momento de cumplirse **50 segundos**.

c) La velocidad angular de la primera y segunda etapas.

d) El tiempo que le llevaría dar **100 vueltas** a la vía circular.

SOLUCIONES:

a) $v_t = 72 \text{km}/h = 20 \text{m}/s$ y como: $a_t = v_t/t$ $\Rightarrow$
$a_t = 0,4 \, m/s^2$

b) $a_n = v^2/r$ $\Rightarrow$ $a_n = 20^2/400$ $\Rightarrow$ $a_n = 1 m/s^2$
$a = (a_t^2 + a_n^2)^{1/2}$ $\Rightarrow$ $a = 1,07 \, m/s^2$
$e = 0,5 a_t t^2 = 0,5 * 0,4 * 2500$ $\Rightarrow$ $e = 500m$

c) $\omega = v/r = 20/400$ $\Rightarrow$ $\omega = 0,05 \, rd/s$
$\omega_m = \phi/t = (0,5 \alpha t^2)/t = 0,5 \alpha t = 0,5(0,4/400)*50$ $\Rightarrow$ $\omega_m = 0,025 \, rd/s$

d) $t = 50((100 * 2\pi r - 500)/20)$ $\Rightarrow$ $t = 12.585s$

40: componentes de velocidad y aceleración

Una partícula se mueve a lo largo de la curva de ecuaciones:

$x = 2t^2$; $y = t^2 - 4t$; $z = 3t - 5$ Calcular las componentes de la velocidad y aceleración en la dirección del vector: $\vec{r} = \vec{i} - 3\vec{j} + 2\vec{k}$ cuando $t = 1$ segundo.

SOLUCIÓN:

$\vec{r}_o = 2t^2 \vec{i} + (t^2 - 4t)\vec{j} + (3t - 5)\vec{k}$ $\Rightarrow$ $\vec{v} = 4t \vec{i} + (2t - 4)\vec{j} + 3\vec{k}$
$v_r = (4t\vec{i} + (2t-4)\vec{j} + 3\vec{k}) * (\vec{i} - 3\vec{j} + 2\vec{k})/\sqrt{14}$ $\Rightarrow$ $v_r = 16/\sqrt{14}$
$\vec{a} = \dfrac{d\vec{v}}{dt} = 4\vec{i} + 2\vec{j}$ $\Rightarrow$ $a_r = \vec{a} * \vec{u} = (4\vec{i} + 2\vec{j}) * (\vec{i} - 3\vec{j} + 2\vec{k})/\sqrt{14}$ y asi:
$a_r = -2/\sqrt{14}$

41: velocidad y aceleración tangencial

Una partícula se mueve a lo largo de la curva de ecuaciones:

$$\vec{r}=(t^3-4t)\vec{i}+(t^2+4t)\vec{j}+(8t^2-3t^3)\vec{k}$$

Calcular los valores de la aceleración tangencial y normal para $t=2$ segundos.

SOLUCIÓN:

$\vec{v}=\dfrac{d\vec{r}}{dt}=(3t^2-4)\vec{i}+(2t+4)\vec{j}+(16t-9t^2)\vec{k}$; si $t=2$ ⇒

$\vec{v}=8\vec{i}+8\vec{j}-4\vec{k}$ y $//\vec{v}//=12$ y como además:

$\vec{a}=\dfrac{d\vec{v}}{dt}=6t\vec{i}+2\vec{j}+(16-18t)\vec{k}$ ⇒ $\vec{a}_{t=2}=12\vec{i}+2\vec{j}-20\vec{k}$ así:

$a_t=\dfrac{\vec{a}*\vec{v}}{v}=\dfrac{12*8+16+80}{12}$ ⇒ $\boldsymbol{a_t=16}$

$a_n=\dfrac{//\vec{v}x\vec{a}//}{v}$,   entonces: $a_n=(205{,}5/12)$ pues:

$\vec{v}x\vec{a}=\begin{vmatrix} \vec{i} & \vec{j} & \vec{k} \\ 8 & 8 & -4 \\ 18 & 2 & -20 \end{vmatrix}=152\vec{i}+112\vec{j}-80\vec{k}$, entonces:

$//\vec{v}x\vec{a}//=205{,}05$ y así: $\boldsymbol{a_n=2\sqrt{73}}$

42: vectores velocidad y aceleración

Dado el vector:

$$\vec{r}=(t^3+2t^2+1)\vec{i}+(2t^3-3t)\vec{j}+(t^2+t)\vec{k}$$

Calcular los vectores velocidad y aceleración para $t=1$

SOLUCIÓN:

$$\vec{v}=\frac{d\vec{r}}{dt}=(3t^2+4t)\vec{i}+(6t^2-3)\vec{j}+(2t+1)\vec{k}, \quad entonces:$$
$$\vec{v}_{t=1}=7\vec{i}+3\vec{j}+3\vec{k}$$

$$\vec{a}=\frac{d\vec{v}}{dt}=(6t+4)\vec{i}+12t\vec{j}+2\vec{k} \quad y \ entonces:$$
$$\vec{a}_{t=1}=10\vec{i}+12\vec{j}+2\vec{k}$$

43: velocidad relativa y absoluta

Un sistema de coordenadas *(X,Y,Z)* rota en torno al eje *Z* con una velocidad angular $\vec{\omega}=cost\,\vec{i}+sint\,\vec{j}$ con respecto a un sistema *(X',Y',Z')* fijo.

El origen del sistema *(X,Y,Z)* está localizado con respecto al *(X',Y',Z')* por el vector de posición:
$$\vec{R}=t\vec{i}-\vec{j}+t^2\vec{k}$$

Si el vector de posición de una partícula, con respecto al sistema móvil, es:

$$\vec{r}=(3t+1)\vec{i}-2t\vec{j}+5\vec{k}$$

Calcular:

a) La velocidad relativa.

b) La velocidad verdadera o absoluta.

c) La aceleración relativa.

d) La aceleración verdadera de la partícula.

SOLUCIÓN:

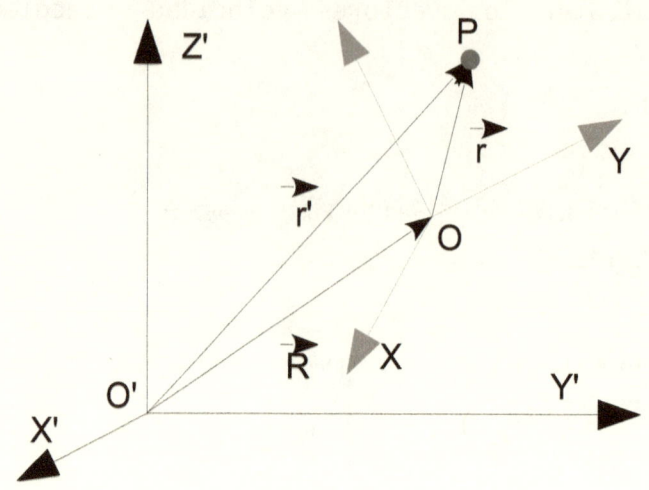

a) $\vec{v}'_{(relativa)} = \dfrac{d\vec{r}}{dt}$ entonces:

$\vec{v}' = 3\vec{i} - 2\vec{j}$

b) $\vec{v}_{(verdadera)} = \dfrac{d\vec{R}}{dt} + \dfrac{d\vec{r}}{dt} + (\vec{\omega} \times \vec{r}) =$
$(\vec{i} + 2t\vec{k}) + (3\vec{i} - 2\vec{j}) + (\vec{\omega} \times \vec{r})$ donde:

$$\vec{\omega} \times \vec{r} = \begin{vmatrix} \vec{i} & \vec{j} & \vec{k} \\ \cos t & \sin t & 0 \\ 3t+1 & -2t & 5 \end{vmatrix} = 5\sin t\,\vec{i} - 5\cos t\,\vec{j} + (-2t\cos t - (3t-1)\sin t)\vec{k}$$

así: $\vec{v} = (4 + 5\sin t)\vec{i} + (-2 - 5\cos t)\vec{j} + (2t - 2t\cos t - 3t\sin t - \sin t)\vec{k}$

c) $\vec{a}_{(relativa)} = \dfrac{d\vec{v}'}{dt} = 0$ pues (X',Y',Z') está fijo

d) $\vec{a}_{(absoluta)} = \dfrac{d\vec{v}}{dt} = 5t\cos t\,\vec{i} + 5t\sin t\,\vec{j} +$
$+ (2 - 3\cos t + 2t^2 \sin t - 3\sin t - 3t^2 \cos t)\vec{k}$

44: aceleración relativa y absoluta

Un sistema de coordenadas **(X,Y,Z)** rota con una velocidad angular dada por $\vec{\omega}=cost t\,\vec{i}+sint\,\vec{j}+\vec{k}$ con respecto a un sistema de coordenadas fijo **(X',Y',Z')** de igual origen.

Si el vector de posición de una partícula es $\vec{r}=sint\,\vec{i}-cost\,\vec{j}+t\,\vec{k}$ respecto a los ejes móviles.

Calcular:

a) La velocidad aparente y velocidad verdadera.

b) La aceleración aparente y verdadera.

SOLUCIONES:

a)
$$\vec{v}_{(aparente)}=\frac{d\vec{r}}{dt}=cos t\,\vec{i}+sin t\,\vec{j}+\vec{k} \quad y\ por\ otra\ parte:$$

$$\vec{v}_{(real)}=\vec{v}_o+\vec{v}\,'+\vec{\omega}\,x\,\vec{r}=0+0+\vec{\omega}\,x\,\vec{r} \quad y\ como:$$

$$\vec{\omega}\,x\,\vec{r}=\begin{vmatrix} \vec{i} & \vec{j} & \vec{k} \\ cos t & sin t & 1 \\ sin t & -cos t & t \end{vmatrix}=(t\sin t-\cos t)\,\vec{i}+(\sin t-t\cos t)\,\vec{j}-\vec{k} \quad así:$$

$$\vec{v}_{(real)}=(t\sin t-\cos t)\,\vec{i}+(\sin t-t\cos t)\,\vec{j}-\vec{k}$$

b)
$$\vec{a}_{(aparente)}=\frac{d\vec{v}_{(aparente)}}{dt}=-sin t\,\vec{i}+cos t\,\vec{j}$$

$$\vec{a}_{(real)}=\frac{d\vec{v}_{(real)}}{dt}=(\sin t+t\cos t+\sin t)\,\vec{i}+(t\sin t+\cos t-\cos t)\,\vec{j} \quad y\ así:$$

$$\vec{a}_{(real)}=(2\sin t+t\cos t)\,\vec{i}+t\sin t\,\vec{j}$$

45: caída en movimiento

Una avioneta vuela horizontalmente con una velocidad de **720km/h,** su altura sobre el suelo es de **7.840m.** Desde la avioneta se suelta una bomba que hace explosión al llegar al suelo.

Calcular:

a) La velocidad de la bomba al llegar al suelo.

b) La distancia horizontal recorrida por la bomba.

c) El tiempo transcurrido desde que se lanza la bomba hasta que se percibe en el avión la explosión.

SOLUCIONES:

a) $720 \text{km}/h = 200 \text{m}/s = v_x$ y $v_y = (s2g)^{1/2}$ ⇒
$v^2 = v_x^2 + v_y^2$ ⇒ $v = \sqrt{200^2 + 2*10*7840}$ ⇒ $v = 440 m/s$

Las ecuaciones del movimiento son:

b) $\left. \begin{array}{l} x = 200t \\ y = 0,5 g t^2 \end{array} \right\}$ ⇒ $t = \sqrt{2h/g}$ ⇒ $t = 40s$ *y como:*

$y = 0,5 g t^2$ y $x = 200t$ ⇒ $x = 8.000m$

c)

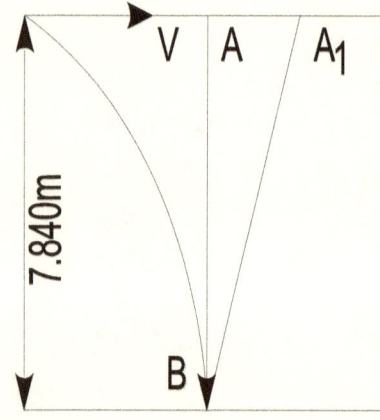

En la figura se ve: $\overline{BA_1}^2 = \overline{BA}^2 + \overline{AA_1}^2$ ⇒

$340^2 + t'^2 - 200^2 t'^2 = 7840^2$ ⇒
$t' = 28,5 s$ *entonces:*

$t = 40s$ *y por lo tanto:*
$t_T = 68,5 s$

46: lanzamiento vertical

En un terreno se lanza una pelota verticalmente hacia arriba, con una velocidad inicial de **10m/s**

El viento produce una fuerza horizontal constante sobre la pelota que es igual al valor de la **5ª** parte del peso de la misma.

Calcular:

a) La distancia **L** entre el impacto y el punto de lanzamiento.
b) La velocidad máxima de la pelota en el punto más alto de la trayectoria.
c) La altura máxima alcanzada por la pelota.
d) La velocidad máxima de la pelota en el impacto.
e) El ángulo formado por el vector velocidad con el suelo.

SOLUCIONES:

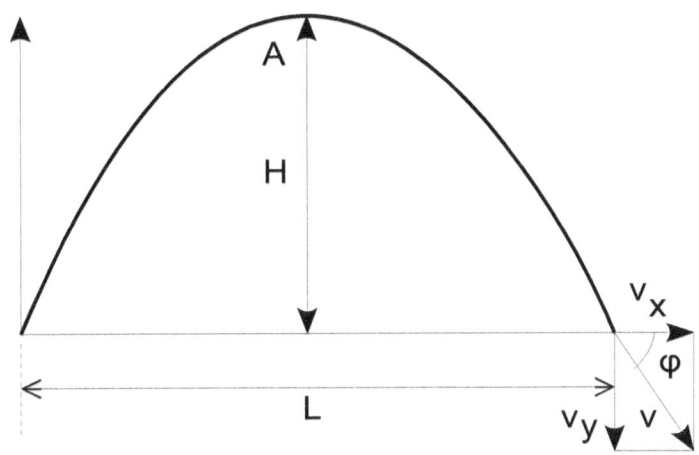

Las ecuaciones del movimiento son:
$$\left.\begin{array}{l} x = 0{,}5\,at^2 \\ y = v_o t - 0{,}5\,g t^2 \end{array}\right\} \Rightarrow a = F*1/m \Rightarrow$$
$a = 2\,m/s^2$ y como: $v_o = 10\,m/s$, así:

a) $x = t^2$ e $y = 10t - 5t^2$ *y como el impacto sucede cuando:* $y = 0$ *entonces:*
$10t - 5t^2 = 0 \Rightarrow t = 2s \Rightarrow$

$L = x = 2^2 \Rightarrow$ **L = 4m**

b) *En A sucede que:* $v_y=0$ ⇒ $v=v_x=at$ y así: **v=2m/s**

c) *Como en A* $v_y=0$ ⇒ $0=(v_o^2-2gh)^{1/2}$ ⇒   **H=5m**

d) $\left. \begin{array}{l} v_x=at=4\text{m}/s \\ v_y=v_o t-gt=-10\text{m}/s \\ v=(4^2+10^2)^{1/2} \end{array} \right\}$ ⇒ $v=(v_x^2+v_y^2)^{1/2}$ ⇒

⇒ **v=2√29 m/s**

e) $\tan\phi=v_y/v_x=-2,5$ ⇒ **φ=68° 11'**

47: cantidad de movimiento

Una partícula de masa **2 unidades**, se mueve a lo largo de la curva: $\vec{r}=(4t^2-t^3)\vec{i}-5t\vec{j}+(t^4-2)\vec{k}$

Calcular:

a) La cantidad de movimiento.

b) La fuerza que actúa sobre ella cuando $t=1$

SOLUCIONES:

a) $\vec{P}=m\vec{v}=m\dfrac{d\vec{r}}{dt}=2((8t-3t^2)\vec{i}-5\vec{j}+4t^3\vec{k})$ ⇒

$\vec{P}=(16t-6t^2)\vec{i}-10\vec{j}+8t^3\vec{k}$

b) $\vec{F}=m\dfrac{d\vec{v}}{dt}=2((8-6t)\vec{i}+12t^2\vec{k})$ *y para* $t=1$ ⇒

$\vec{F}=4\vec{i}+24\vec{k}$

48: energía, trabajo y cantidad movimiento

Una partícula de masa **2 unidades** se mueve en un campo de fuerzas cuyo valor, en función del tiempo, es:

Ejercicios de Física 2: Mecánica Clásica

$\vec{F}=24t^2\vec{i}+(3t-16)\vec{j}-12t\vec{k}$ Cuando $t=0$, la velocidad es:
$\vec{v}_o=6\vec{i}+15\vec{j}-8\vec{k}$

Calcular:

a) La energía de la partícula para $t=1$ y $t=2$
b) El trabajo realizado por el campo cuando la partícula se mueve desde $t=1$ hasta $t=2$
c) La cantidad de movimiento para $t=1$ y $t=2$
d) El impulso de la partícula para $t=1$ y $t=2$

SOLUCIONES:

a) $E_c=0,5mv^2$; $\vec{F}=m\vec{a}$ $\Rightarrow$ $\vec{F}=m\dfrac{d\vec{v}}{dt}$ y de esta manera:

$\int_{\vec{v}_o}^{\vec{v}}d\vec{v}=\int_0^t \vec{F}/m\,dt$ $\Rightarrow$ $\vec{v}-\vec{v}_o=0,5\int \vec{F}\,dt$ entonces:

$\vec{v}=0,5m\left(8t^3\vec{i}+(18t^2-16t)\vec{j}-6t^2\vec{k}\right)\Big|_0^t+\vec{v}_o$ $\Rightarrow$

$\vec{v}=(4t^3+6)\vec{i}+(9t^2-8t+15)\vec{j}-(3t^2+8)\vec{k}$ $\Rightarrow$

$E_{c1}=0,5*2*(10^2+16^2+11^2)$ $\Rightarrow$ $\mathbf{E_{c1}=477J}$
$E_{c2}=0,5*2*(38^2+35^2+20^2)$ $\Rightarrow$ $\mathbf{E_{c2}=3.069J}$

b) $W_{1,2}=\int_1^2 \vec{F}*d\vec{r}=\int_1^2 m\vec{a}*d\vec{r}=m\int_1^2 \vec{v}*d\vec{v}$ o también:
$W_{1,2}=E_{c2}-E_{c1}$ $\Rightarrow$ $\mathbf{W_{1,2}=2.592J}$

c) $\vec{P}_1=m\vec{v}_1$ $\Rightarrow$ $\vec{P}_1=20\vec{i}+32\vec{j}-22\vec{k}\,kgm/s$
$\vec{P}_2=m\vec{v}_2$ $\Rightarrow$ $\vec{P}_2=76\vec{i}+70\vec{j}-40\vec{k}\,kgm/s$

d) $\vec{I}=\vec{P}_2-\vec{P}_1$ y por lo tanto:
$\vec{I}=56\vec{i}+36\vec{j}-18\vec{k}\ kgm/s$

49: vector cantidad de movimiento

Una masa puntual de **2kg** describe un curva en el espacio cuyas ecuaciones son: $x=t^3$; $y=t-2t^2$ y $z=1/4t^4$ siendo **t** el tiempo.

Calcular para $t=2$ segundos:

a) Los vectores velocidad y aceleración.

b) El vector cantidad de movimiento.

c) El momento cinético respecto a un eje que pase por el origen y por el punto: **p(2/3,2/3,1/3)**

SOLUCIONES:

a) $\vec{r}=t^3\vec{i}+(t-2t^2)\vec{j}+(1/4)t^4\vec{k}\ \Rightarrow$
$\vec{v}=3t^2\vec{i}+(1-4t)\vec{j}+t^3\vec{k}$ y para t=2s $\Rightarrow$
$\vec{v}=12\vec{i}-7\vec{j}+8\vec{k}$ y como: $\vec{a}=d\vec{v}/dt$ entonces:
$\vec{a}=6t\vec{i}-4\vec{j}+3t^2\vec{k}$ y para t=2s sucede que:
$\vec{a}=12\vec{i}-4\vec{j}+12\vec{k}$

b) $\vec{P}=m\vec{v}\ \Rightarrow\ \vec{P}=24\vec{i}-14\vec{j}+16\vec{k}$

Como el momento cinético es el momento de la cantidad de movimiento respecto al eje indicado, entonces:

c) $\vec{L}=\begin{vmatrix}\vec{i} & \vec{j} & \vec{k} \\ 8 & -6 & 4 \\ 24 & -14 & 16\end{vmatrix}=-40\vec{i}-32\vec{j}+32\vec{k}$; así:

Como un vector unitario en la dirección del eje es:
$\vec{u}=(1/3)(2\vec{i}+2\vec{j}+\vec{k})$, entonces:
$M_c=\vec{L}*\vec{u}\ \Rightarrow\ M_c=-112/3$

Y la fuerza que actúa es:
$\vec{v}=m\vec{a}=2(12\vec{i}-7\vec{j}+12\vec{k})\ \Rightarrow\ \vec{f}=24\vec{i}-14\vec{j}+24\vec{k}$

Ejercicios de Física 2: Mecánica Clásica

50: ecuaciones de trayectorias

La trayectoria de una masa puntual **M**, de **1kg**, es dada por las ecuaciones: $xy=1$; $x^2-y^2=-2t$ siendo **t** el tiempo.

Calcular la fuerza que actúa sobre **M** en el punto de coordenadas **(1,1)** dadas en metros.

SOLUCIÓN:

$v_x = dx/dt$ y $v_y = dy/dt$ *por lo tanto, como:*
$x^2 - 1/x^2 = -2t$ *entonces:* $(2xdx/dt) + 2x(dx/dt)/x^4 = -2$ ⇒

$2xx' + (2xx')/x^4 = -2$ ⇒ $x' = -1/(x+1/x^3) =$
$= -x/(x^2+(1/x^2)) = -x/(x^2+y^2)$ *análogamente:*

$y' = dy/dt = y/(x^2+y^2)$ *y así:*
$a_x = dx'/dt = x(3y^2-x^2)/(x^2+y^2)^2$ *con* $x' = v_x$ *análogamente:*

$a_y = y(3x^2-y^2)/(x^2+y^2)^2$ *que en el punto (1,1) es:*
$a_x = 0,5 \, m/s^2$ y $a_y = 0,5 \, m/s^2$ ⇒ $a = (a_x^2 + a_y^2)^{1/2}$ ⇒

$a = \sqrt{2}/2$ *y así:* $F = ma$ ⇒ **F = 0,7071 Nw**

51: velocidad del centro de masas

Calcular el centro de masas y la velocidad de tal centro, si el sistema está formado por las masas:

$m_1 = 2kg$ con $r_1 = (3t, 0, 4)$
$m_2 = 6kg$ con $r_2 = (3+t, t^2, 1)$ y
$m_3 = 1kg$ con $r_3 = (0, t^2+t, t)$

SOLUCIÓN:

El centro de masas tendrá un vector de posición dado por:

$$\vec{R} = \frac{\sum m_i \vec{r}_i}{\sum m_i} \quad \Rightarrow \quad \text{si } R_x;\ R_y \text{ y } R_z \text{ son sus componentes, entonces:}$$

$$\left. \begin{array}{l} R_x = \dfrac{\sum m_i x_i}{\sum m_i} = \dfrac{6t+18+6t}{9} = \dfrac{4t+6}{3} \\[6pt] R_y = \dfrac{\sum m_i y_i}{\sum m_i} = \dfrac{7t^2+t}{9} \\[6pt] R_z = \dfrac{\sum m_i z_i}{\sum m_i} = \dfrac{14+t}{9} \end{array} \right\} \Rightarrow$$

$$\vec{V} = (1/9)(12\vec{i} + (14t+1)\vec{j} + \vec{k}) \quad donde:$$
$$\vec{R} = (1/9)((12t+18)\vec{i} + (7t^2+t)\vec{j} + (14+t)\vec{k})$$

52: posición del centro de masas

Calcular la posición del centro de masas de un sistema de partículas formado por las masas: $m_1 = 1gr$; $m_2 = 2gr$ situadas en ls puntos respectivos: $P_1(1,0,-1)$; $P_2(0,1,1)$

Si sobre estas partículas actúan las fuerzas: $F_1(0,1,t)$ sobre la primera y $F_2(1,t,2t)$ sobre la segunda.

Calcular la posición del centro de masas y el trabajo realizado al cabo de **2 segundos**.

SOLUCIONES:

$x_G = (\sum m_i x_i)/\sum m_i = 1/3$ y análogamente:
$y_G = 2/3$ y $z_G = 1/3$ de esta manera: $G(1/3, 2/3, 1/3)$
Como: $a = F/m$ y $a = dv/dt$ $\Rightarrow$
$v = \int_0^v dv = \int_0^t a\, dt$ con: $v = dx/dt$ y así para m_1:

$x_1=1$; $v_{1x}=0$; $a_{1x}=0$ además:

$$y_1 = \int_0^t t\,dt = t^2/2 = 2 \quad \text{con:} \quad v_{1y} = \int_0^t a_{1y}\,dt \quad y\ con:$$

$a_{1y}=1$; Análogamente se calculan: z_1, v_{1z} y a_{1z} y por similitud, se hallan para m_2, con lo que la posición de m_1 será: $(1,2,1/3)$ y la de m_2 $(1,5/3,7/3)$
Así, la nueva posición centro de masas es:

$G'(1,16/9,15/9)$

$T = 0.5 \sum m_i v_i^2 + 0.5\, m_T v_G^2$ y como: $v_{1t}=\sqrt{8}$ y $v_{2t}=\sqrt{6}$ ⇒
La fuerza total es: $F=(1,1+t,3t)$;   de esta manera:
$a_x=1/3$; $a_y=(1+t)/3$ y $a_z=3t/3$ y por lo tanto:

$T = 0.5(8+12) + 0.5*3(56/9)$ ⇒ **$T = 19,3$**

53: trabajo en una curva

Una partícula está sometida a una fuerza dada por la siguiente expresión: $\vec{F}=(3x^2+6y)\vec{i}-14yz\,\vec{j}+20xz^2\,\vec{k}$

Calcular el trabajo realizado por tal fuerza cuando la partícula se traslada del punto **(1,0,0)** hasta el **(1,1,1)** a lo largo de las trayectorias siguientes:

a) A lo largo de la curva: $x=t$, $y=t^2$, $z=t^3$
b) A través de la bisectriz: $x=y=z$

Por el eje **OX** hasta el punto **(1,0,0)**, después paralelamente al eje **OY** hasta el punto **(1,1,0)** y desde allí y paralelamente al eje **OZ**, hasta el punto **(1,1,1)**

¿Es conservativo el campo de fuerza?

SOLUCIONES:

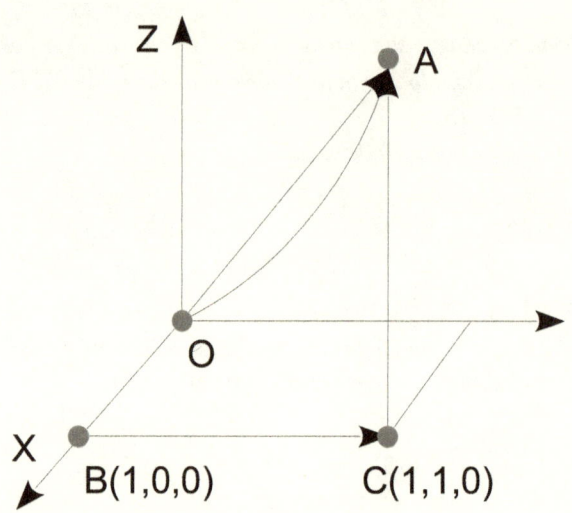

$$T=\int_O^A \vec{F}\,d\vec{l}=\int F_x dx+\int F_y dy+\int F_z dz \Rightarrow$$

$$T_1=\int_O^A (3x^2+6y)dx-14yzdy+20xz^2 dz \quad y:$$

si: $x=t$; $dx=dt$ y además:

a) $y=t^2 \Rightarrow dy=2t\mathrm{dt}$; $z=t^3$; $dz=3t^2 dt \Rightarrow$

$$T_1=\int_0^1 (3t^2+6t^2)dt-14t^5 2t\mathrm{dt}+20t^7 3t^2 dt =$$

$$=\int_0^1 (9t^2-28t^6+60t^9)dt=(3t^3-4t^7+6t^{10})\Big|_0^1$$

Y así: $\boldsymbol{T_1=5}$

b)
$$T_2=\int_0^1 (3x^2+6x-14x^2+20x^3)dx=(x^3+3x^2-(14/3)x^3+5x^4)\Big|_0^1=$$

$$=(3x^2-(11/3)x^3+5x^4)\Big|_0^1 \quad \text{y por lo tanto:}$$

$\boldsymbol{T_2=13/3}$

c)
$$T_3 = \int_0^1 3x^2\,dx + \int_0^1 20z^2\,dz \quad y\ como: T_3 = T_O^B + T_B^C + T_C^A \quad entonces:$$
$T_3 = 23/3$ y como: $T_1 \neq T_2 \neq T_3$,   entonces el campo de fuerzas **no es conservativo**

54: deslizamiento sin rozamiento

Un bloque de **10kg** de peso se desliza sin rozamiento desde **A** hasta **B** siguiendo la trayectoria de la figura siguiente:

Durante el movimiento el bloque está afectado por la fuerza: $\vec{F} = 2x^2\vec{i} + 3y^2\vec{j} + z^2\vec{k}$ dada en **kg**.

Sabiendo que la velocidad del bloque es de **20m/s** en el punto **A,** calcular la velocidad en el punto **B**

SOLUCIÓN:

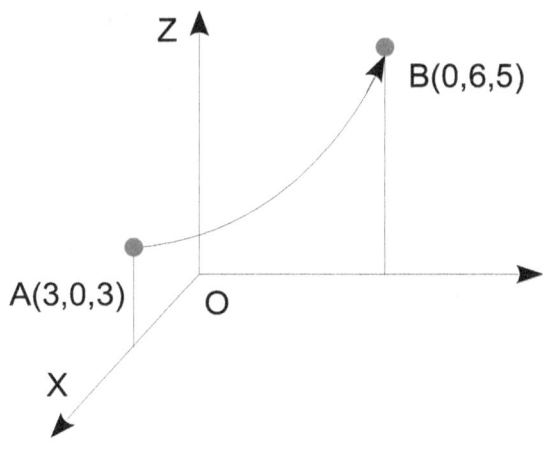

$$T_{A,B} = \int_A^B 2x^2\vec{i} + 3y^2\vec{j} + (z^2 - mg)\vec{k} \quad y\ así:$$

$$T_{A,B} = \int_3^0 2x^2\,dx + \int_0^6 3y^2\,dy + \int_3^5 (z^2 - mg)\,dz =$$

$$= ((2/3)x^3)\Big|_3^0 + y^3\Big|_0^6 + ((1/3)z^3 - mgz)\Big|_3^5 \Rightarrow$$

$T_{A,B} = 210{,}66\, kgm \Rightarrow$

$0{,}5\, m v_B^2 - 0{,}5\, m v_A^2 = 210{,}66 \Rightarrow$

$v_B = 28{,}6\, m/s$

55: aceleración y tensión

Un cuerpo de **1kg** de masa, está atado por una cuerda no extensible y sin peso, a otro cuerpo de **2kg**. Si el coeficiente de rozamiento dinámico entre el primer cuerpo y el plano inclinado de la figura siguiente es de **0,2** y en el segundo de **0,3**

Calcular:

a) La aceleración de los cuerpos.

b) La tensión soportada por la cuerda.

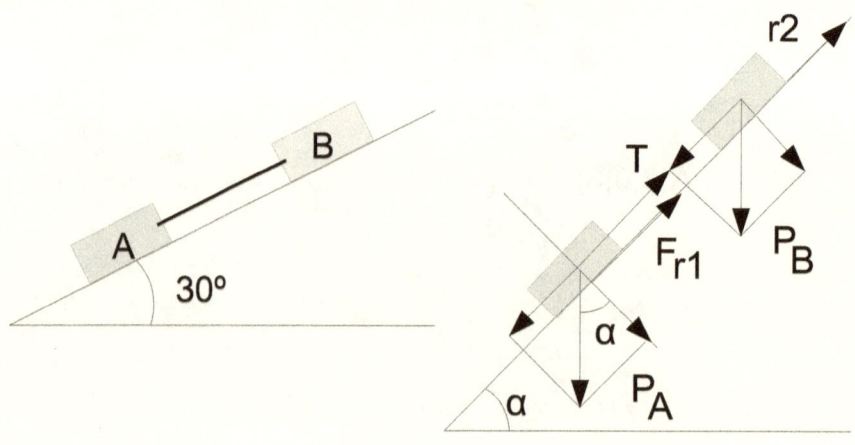

SOLUCIONES:

Ejercicios de Física 2: Mecánica Clásica

Se observa que:

a) $m_A a = m_A g \sin\alpha - \eta m_A \cos\alpha - T$ y
$m_B a = m_{Bg} \sin\alpha - \eta' m_B \cos\alpha + T$ así:

$$a = g\frac{m_A \sin\alpha + m_B \sin\alpha - (\eta m_A \cos\alpha + \eta' m_B \cos\alpha)}{m_A + m_B} \Rightarrow a = 2{,}69\, m/s^2$$

b) $T = m_A(g \sin\alpha - \eta \cos\alpha) = 10*0{,}5 - 0{,}2*10*\sqrt{3}/2 - 2{,}69 \Rightarrow \mathbf{T = 0{,}58\, Nw}$

56: momento angular de un sistema

Tres partículas de masas **2**, **3** y **5** se mueven bajo la influencia de un campo de fuerzas de manera que sus vectores de posición relativos a un sistema de coordenadas fijo están dados por:

$$\vec{r}_1 = 2t\vec{i} - 3\vec{j} + t^2\vec{k}\,;\ \vec{r}_2 = (t+1)\vec{i} + 3t\vec{j} - 4\vec{k}\,;\ \vec{r}_3 = t^2\vec{i} + t\vec{j} + (2t-1)\vec{k}$$

donde **t** es el tiempo.

Calcular

a) El momento angular del sistema.

b) El momento total externo aplicado al sistema con relación al origen.

c) El trabajo al moverse las partículas desde $t=1$ hasta $t=2$

d) La energía cinética para $t=1$ y $t=2$

SOLUCIONES:

a)
$\vec{L} = \sum \vec{L}_i = \sum \vec{r}_i x m_i * \vec{v}_i = (-12t\vec{i} - 4t^2\vec{j} + 12\vec{k}) + (36\vec{i} - 12\vec{j} + 9\vec{k}) +$
$+ (5\vec{i} + (10t^2 - 10t)\vec{j} - 5t^2\vec{k})$ *y esto se debe a que:*
$v_1 = d\vec{r}_1/dt = 2\vec{i} + 2t\vec{k}\,;\ \vec{v}_2 = d\vec{r}_2/dt = t\vec{i} + 3\vec{j}$ *y finalmente:*
$\vec{v}_3 = d\vec{r}_3/dt = 2t\vec{i} + \vec{j} + 2\vec{k}$ *y por lo tanto:*

$$\vec{L}_1 = \vec{r}_1 \times m_1 \vec{v}_1 = \begin{vmatrix} \vec{i} & \vec{j} & \vec{k} \\ 2t & -3 & t^2 \\ 2 & 0 & 2t \end{vmatrix} = 12t\,\vec{i} + (4t^2 - 8t^2)\,\vec{j} + 12\,\vec{k}$$

$$\vec{L}_2 = \vec{r}_2 \times m_2 \vec{v}_2 = \begin{vmatrix} \vec{i} & \vec{j} & \vec{k} \\ t+1 & 3t-4 & \\ t & 3 & 0 \end{vmatrix} = 36\,\vec{i} - 12\,\vec{j} + 9\,\vec{k}$$

$$\vec{L}_3 = \vec{r}_3 \times m_3 \vec{v}_3 = \begin{vmatrix} \vec{i} & \vec{j} & \vec{k} \\ t^2 & t & 2t-1 \\ 2t & 1 & 2 \end{vmatrix} = 5\,\vec{i} + (10t^2 - 10t)\,\vec{j}$$

Y como: $\vec{L} = \vec{L}_1 + \vec{L}_2 + \vec{L}_3$ entonces:

$$\vec{L} = (41 - 12t)\,\vec{i} + (6t^2 - 10t - 12)\,\vec{j} + (18 - 5t^2)\,\vec{k}$$

b) $\vec{M} = d\vec{L}/dt \Rightarrow \vec{M} = -12\,\vec{i} + (12t - 10)\,\vec{j} - 10t\,\vec{k}$

$W_{1,2} = \sum W_{1,2_i}$ y por lo tanto:
$W_{1,2} = \int \vec{F}\,d\vec{r} = \int m\vec{a}\,d\vec{r} = \int m(d\vec{v}/dt)\,d\vec{r} = \int mv\,dv \Rightarrow$
$W_{1,2} = m \int v\,dv = 0.5\,m(v_2^2 - v_1^2)$ o también:
$W_{1,2} = \sum (m_i\,0.5\,v_i^2)\Big|_1^2$ y así tenemos que:
$W_{1,2} = W_{1,2}(1) + W_{1,2}(2) + W_{1,2}(3)$ donde:

c)

$W_{1,2}(1) = 2/2((2\,\vec{i} + 2t\,\vec{k})^2)\Big|_2^1 = (2\,\vec{i} + 4\,\vec{k})^2 - (2\,\vec{i} + 2\,\vec{k})^2 = 12$

$W_{1,2}(2) = (3/2)(\vec{i} + 3\,\vec{j})^2\Big|_1^2 = 0$ y:

$W_{1,2}(3) = (5/2)(2t\,\vec{i} + \vec{j} + 2\,\vec{k})^2\Big|_1^2 = 30$ y de esta manera:

$W_{1,2}(T) = 0 + 12 + 30 \Rightarrow \boldsymbol{W_{1,2}(T) = 42J}$

d)
$E_{cl} = 0.5 \sum m_i v_{il}^2 = (1/2)2(2\,\vec{i} + 2\,\vec{k})^2 \Rightarrow$
(para 1) $\boldsymbol{E_{cl}(1) = 8J}$ Análogamente:
$E_{cl}(2) = (1/2)3(\vec{i} + 3\,\vec{j})^2 = 15J$ y también:
$E_{cl}(3) = (1/2)5(2\,\vec{i} + \vec{j} + 2\,\vec{k})^2 = 45/2J$ y de esta manera:
$E_{cl}(T) = 8 + 15 + 45/2 \Rightarrow \boldsymbol{E_{cl}(T) = 91/2J}$

$$E_{c2}=(1/2)2((2\vec{i}+4\vec{k})^2+3(2\vec{i}+3\vec{j})^2+5(4\vec{i}+\vec{j}+2\vec{k})^2) \quad y\ entonces:$$
$$E_{c2}=92J$$

57: momento cinético

La posición de un punto material de masa **4kg** respecto a un sistema de coordenadas dado, viene determinada para un instante concreto, por el vector de posición: $\vec{r}_o=3\vec{i}+\vec{j}\,m$ y dispone de una velocidad dada por: $\vec{v}_o=5\vec{k}-\vec{k}\,m/s$

Se le aplica una fuerza tal, que el momento respecto al origen de coordenadas es constante e igual a: $\vec{M}=5\vec{i}+20\vec{k}\,Nw.m$

Calcular el momento cinético de tal punto al cabo de **2 segundos**.

SOLUCIÓN:

$$\vec{M}=d\vec{L}/dt \Rightarrow d\vec{L}=\vec{M}\,dt \Rightarrow \int d\vec{L}=\vec{M}\int dt \quad y\ así:$$

$$\int_{\vec{L}_o}^{\vec{L}} d\vec{L}=\vec{M}\int_0^2 dt \Rightarrow \vec{L}=\vec{M}t\Big|_0^2+\vec{L}_o=(5\vec{i}+20\vec{k})2+(\vec{r}_o\times m\vec{v}_o) \quad donde:$$

$$\vec{L}_o=(5\vec{i}+20\vec{k})2+4*\begin{vmatrix}\vec{i} & \vec{j} & \vec{k} \\ 3 & 1 & 0 \\ 5 & 0 & -1\end{vmatrix} \quad y\ así:$$

$$\vec{L}=6\vec{i}+12\vec{j}+20\vec{k}$$

58: plano inclinado y caída libre

Calcular el ángulo de inclinación de un plano para que un cuerpo al deslizar sin rozamiento sobre él, tarde el doble de tiempo en alcanzar la base que si lo hiciese en caída libre vertical.

SOLUCIÓN:

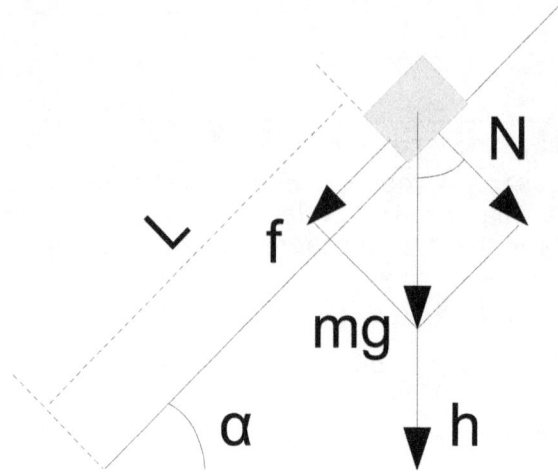

Si cae libremente, entonces: $t = \sqrt{2h/g}$

Y si cae por un plano inclinado, entonces:
$L = (1/2)at'^2$ *por lo que:*
$(h/\sin\alpha) = L$
$f = ma = mg\sin\alpha \Rightarrow a = g.\sin\alpha$
$h/\sin\alpha = (1/2)g\sin\alpha\, t'^2$ *y por lo tanto:*

$t' = \sqrt{2h/(g\sin^2\alpha)}$ *y como:* $t' = 2t \Rightarrow$
$\sqrt{2h/(g\sin^2\alpha)} = 2\sqrt{2h/g} \Rightarrow$

$\sin\alpha = 0,5 \Rightarrow \boldsymbol{\alpha = 30°}$

59: aceleración y rozamiento

Un bloque de masa **200gr** descansa sobre otro de masa **800gr**

El conjunto es arrastrado a la velocidad constante **v** sobre una superficie horizontal por un bloque de masa **200gr** suspendido como indica la figura siguiente:

Se separa el primer bloque de **200gr** del de **800gr** y su une ahora al de **200gr**

Calcular:

a) ¿Cuál será ahora la aceleración del conjunto?.

b) ¿Cuál es la tensión de la cuerda unida al bloque de **800gr** en la figura adjunta a la anterior?.

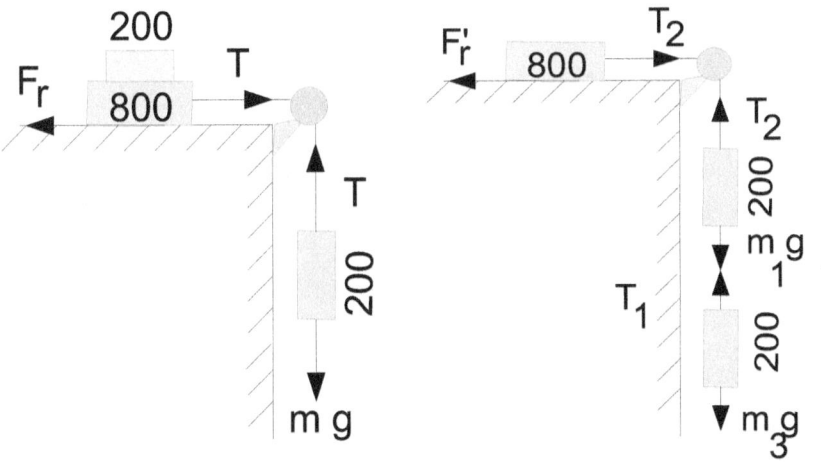

SOLUCIONES:

a) Si en a) la velocidad es constante: $\sum F=0$ y por lo tanto:
$m_1 g - T = 0$; $T - F_r = 0$ ⇒ $m_1 g = (m_2 + m_3) g \eta$ ⇒
El coeficiente de rozamiento dinámico η será:
$\eta = m_1 / (m_2 + m_3) = 0,2$

En la segunda figura se observa: $\sum F = ma$ así:
$m_3 g - T_1 = m_3 a$; $T_1 + m_1 g - T_2 = m_1 a$ y además:
$T_2 - F'_r = m_2 a$ donde: $F'_r = \eta m_2 g = 4$ entonces:

b) $m_3 g - T_1 = m_3 a$ ⇒ $0,2*10 T_1 = 0,2 a$
$T_1 + m_1 g - T_2 = m_1 a$ ⇒ $T_1 + 0,2*10 - T_2 = 0,2 a$ y así:
$T_2 - \eta m_2 g = m_2 a$ ⇒ $T_2 - 0,2*0,8*10 = 0,8 a$ entonces:
$a = 2 m/s^2$ y $T_2 = 3,2 Nw$

60: tensión, aceleración y rozamiento

El bloque **A** de la figura siguiente tiene una masa de **1,4kg** y el **B** de **14kg**; el coeficiente de rozamiento entre **B** y el plano horizontal es de **0,1** Se pide:

a) ¿Cuánto vale el peso de **C**, cuando la aceleración del bloque **B** es de $0,3 m/s^2$ hacia la derecha?.

b) ¿Cuál es la tensión de cada cuerda para que el bloque **B** posea la aceleración indicada en la pregunta anterior?.

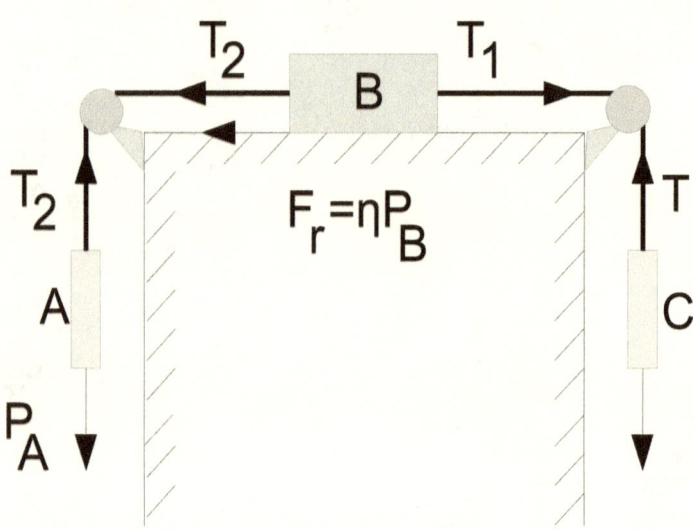

SOLUCIONES:

a) y b)

Ha de suceder lo siguiente: $\sum F = ma$ *así:*
$P_C - T_1 = m_C a;$ $T_1 - T_2 = m_B a + \eta P_B$ *y además:*
$T_2 - P_A = m_A a$ $\Rightarrow$ $m_C g - T_1 = m_C a$ $\Rightarrow$ $m_C 10 - T_1 = m_C 0,3$
$T_1 - T_2 = 0,1*14*10 = 14*0,3$ y $T_2 - 1,4*10 = 1,4*0,3$
Y por lo tanto:
$m_C = 3,6 \, kg;$ $T_1 = 34,9 \, Nw;$ $T_2 = 14,42 \, Nw$

Ejercicios de Física 2: Mecánica Clásica

61: choque de partículas

Una partícula de masa **0,2kg** moviéndose a una velocidad de **0,4m/s** choca contra otra partícula de masa **0,3kg** en reposo.

Después del choque la primera partícula se mueve a una velocidad de **0,20m/s** en una dirección que forma un ángulo de **40º** con la dirección original.

Calcular la velocidad de la segunda partícula, así como la dirección en la que se mueve después del choque.

SOLUCIÓN:

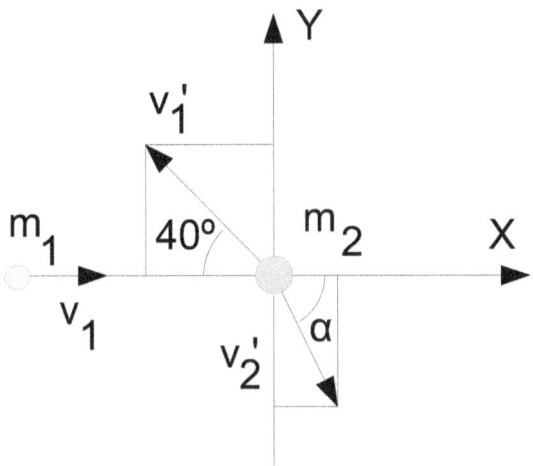

Si consideramos el choque como inelástico, entonces se conserva la cantidad de movimiento y por lo tanto se conservarán también las componentes de dicha cantidad de movimiento. Así tenemos que:

$$m_1 v_{1x} + m_2 v_{2x} = m_1 v'_{1x} + m_2 v'_{2x} \quad por: P_x$$
$$m_1 v_{1y} + m_2 v_{2y} = m_1 v'_{1y} + m_2 v'_{2y} \quad por: P_y$$

$$0,2*0,4 + 0 = -0,2*0,2\cos 40° + 0,3 v'_2 \cos\alpha$$
$$0,2*0 + 0 = 0,2*0,2\sin 40° - 0,3 v'_2 \sin\alpha$$

y por lo tanto:

$v'_2 = 0,71 m/s$ y $\alpha = 13° 50'$

62: descomposición radiactiva

Un núcleo inicialmente en reposo se descompone radiactivamente emitiendo un electrón con una cantidad de movimiento $P=9,22*10^{-16} gr*cm/s$ y perpendicularmente a la dirección del electrón, un neutrino con una cantidad de movimiento de valor: $5,33*10^{-16} gr*cm/s$

Calcular:

a) ¿En qué dirección retrocede el núcleo residual?.

b) ¿Cuál es la cantidad de movimiento de tal residuo?.

c) Si la masa del núcleo residual es de $3,90*10^{-22} gr$ ¿Cuál es su energía cinética?.

SOLUCIONES:

a) y b)

Si consideramos el choque inelástico (aunque en realidad una desintegración es un fenómeno inverso a un choque inelástico), entonces:

$$\left. \begin{array}{l} 0=0+5,33*10^{-16}+P_x(núcleo) \quad se\ conserva\ P_x \\ 0=9,22*10^{-16}+0+P_y(núcleo) \quad se\ conserva\ P_y \end{array} \right\} \Rightarrow$$

$P_x(núcleo)=-P(neutrino)=-5,33*10^{-16}$ y así:

$P_y=-P(electrón)=\boldsymbol{-9,22*10^{-16}}$ por lo tanto:

$\left. \begin{array}{l} v_x=-5,33*10^{-16}/m(núcleo) \\ v_y=-9,22*10^{-16}/m(núcleo) \end{array} \right\}$ entonces:

$\alpha=\arctan(v_y/v_x) \Rightarrow \boldsymbol{\alpha=59º\ 58'}$

c)

$E_c=(1/2)m_n v_n^2 = 0,5*3,90*10^{-22}(v_x^2+v_y^2)$ entonces:

$\boldsymbol{E_c=14,55*10^{-10}\ Erg}$

Ejercicios de Física 2: Mecánica Clásica

63: choque entre vehículos

Un camión y un coche se desplazan por dos calles perpendiculares llegando a un punto situado en el cruce de ambos, en igual tiempo, produciéndose en él un choque inelástico.

Calcular:

a) La velocidad que adquiere el conjunto después del choque y la dirección en la que salen despedidos.

b) Espacio que recorren hasta pararse después del choque, si el coeficiente de rozamiento es *0,2*

c) La pérdida de energía cinética en el choque.

Datos: Masas del camión y coche *10* y *1Tm* respectivamente y velocidades respectivas de *72* y *144km/h*

64: choque elástico

Una masa de *20kg*, que gira alrededor de un punto *O* como indica la figura siguiente, siendo $\overline{MO}=1,5\,m$, se deja caer hasta la posición *B*, siendo $\overline{BO}$ vertical y el ángulo $\alpha = 90°$

Al llegar a *B* se produce un choque totalmente elástico con una masa *A* de *25kg* situada en reposo sobre un plano horizontal sin rozamiento y como consecuencia del choque, la masa *M* rebota hasta una altura *H*

Calcular:
a) El trabajo realizado por la masa *M* en la caída.

b) La velocidad que adquiere la masa *A*

c) La energía cinética que pierde la masa *M* en el choque.

d) La altura vertical **h** entre **B** y **H**

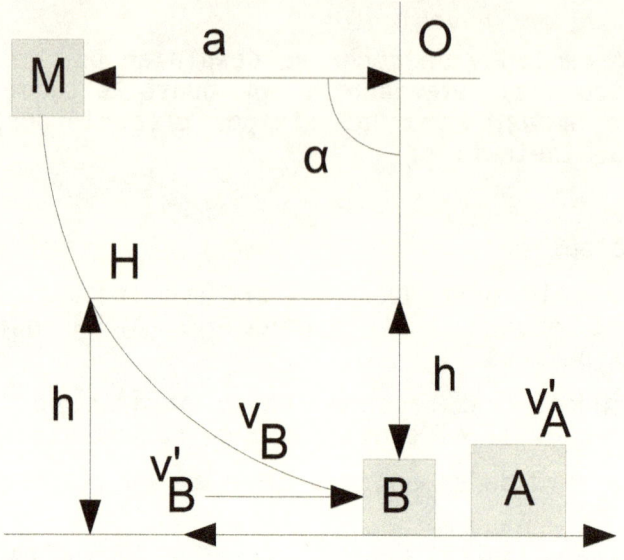

a) $W = dE_p = Mga = 20*10*1,5$
$\Rightarrow W = 300J$

b) $P_i = P_f \Rightarrow Mv_B = Mv'_B + mv'_A$
y $E_{ci} = E_{cf} \Rightarrow$
$\frac{1}{2}Mv_B^2 = \frac{1}{2}Mv'^2_B + \frac{1}{2}mv'^2_A \Rightarrow$
$(1/2)Mv_B^2 = Mga$ y:
$v_B = (2ga)^{1/2}$ así:

$\left. \begin{array}{l} 20(20*1,5)^{1/2} = 20v'_B + 25v'_A \\ 10v_B^2 = 10v'^2_B + (25/2)v'^2_A \\ 20((20*1,5)^{1/2})^2 = 20v'^2_B + 25v'^2_A \end{array} \right\} \Rightarrow$

$v'_A = 15,4\,m/s$ y $v'_B = -1,93\,m/s$

c) $DE_c(M) = \frac{1}{2}M(v'^2_B - v_B^2) = 0,5*20(1,93^2 - 30) \Rightarrow$
$DE_c(M) = 262,7\,J$

d) $0,5\,Mv'^2_B = Mgh \Rightarrow h = \dfrac{v'^2_B}{20} \Rightarrow h = 0,19\,m$

65: cambio tras un choque

Una bola de **4kg** de masa y velocidad **1,2m/s** choca frontalmente con otra bola de **5kg** de masa, moviéndose a **0,6m/s** en igual dirección.

Calcular:

a) Las velocidades después del choque, considerado perfectamente elástico.

b) El cambium en cada bola.

66: centro de masas

Calcular el centro de masas de la figura siguiente:

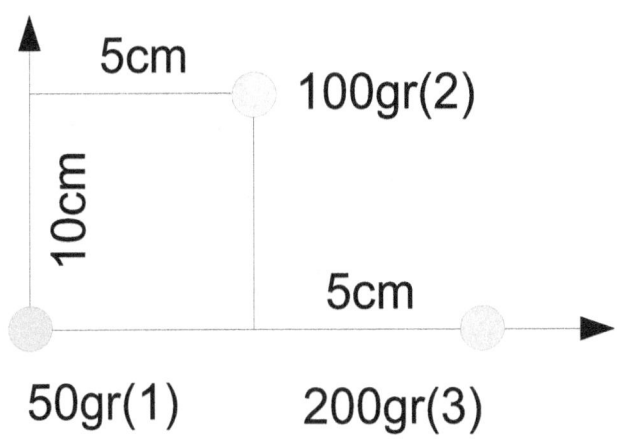

SOLUCIÓN:

$En\ (1):\ m_1 = 50gr;\quad x_1 = 0\quad e\quad y_1 = 0$
$En\ (2):\ m_2 = 100gr;\quad x_2 = 5\quad e\quad y_2 = 10$
$En\ (3):\ m_3 = 200gr;\quad x_3 = 10\quad e\quad y_3 = 0$

Y el centro de masas tendrá un vector de posición como:

$$\vec{r}_G = \frac{\sum \vec{r}_i m_i}{\sum m_i} \quad \text{cuyas componentes son:}$$

$$\left.\begin{aligned} X_G &= \frac{\sum x_i m_i}{\sum m_i} = \frac{0{,}50 + 5*100 + 10*200}{50+100+200} = 7{,}14 \\ Y_G &= \frac{\sum y_i m_i}{\sum m_i} = \frac{0{,}50 + 10*100 + 0*200}{50+100+200} = 2{,}86 \\ Z_G &= \frac{\sum z_i m_i}{\sum m_i} = 0 \end{aligned}\right\} \Rightarrow$$

Por lo tanto el centro de masas es:

$G(7{,}14\,;\,2{,}86\,;\,0)$

67: centro de gravedad y ángulos

Una varilla homogénea de **56cm** de largo, se dobla en ángulo recto por un punto que la divide en dos partes, una de **32cm** y la otra de **24cm** Encontrar su centro de gravedad.

Esta varilla doblada se cuelga de un clavo situado en el ángulo recto. ¿Qué ángulo formará la vertical que pasa por el clavo, con los brazos de la barra en la posición de equilibrio?

SOLUCIONES:

Si las coordenadas del centro de gravedad (cdg) son: x_g e y_g y si la densidad lineal de la masa es L, tendremos:

$$x_g = \frac{\sum x_i L l_i}{\sum L l_i} \quad \text{pues:} \quad m_i = L l_i \Rightarrow x_g = \frac{\sum x_i l_i}{\sum l_i}$$

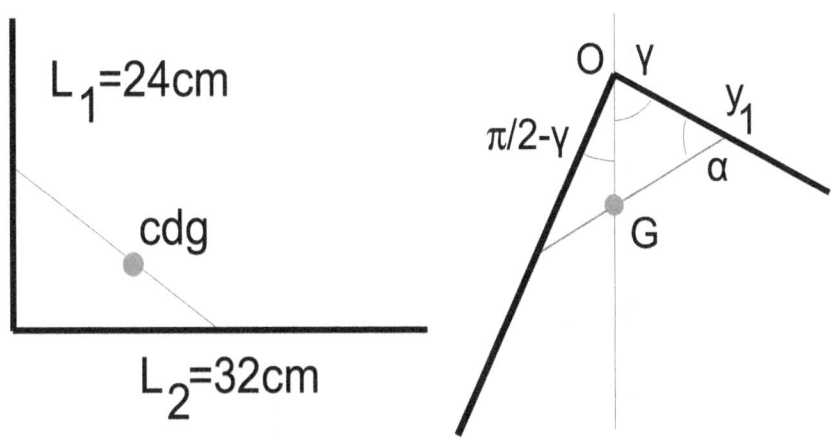

Entonces:

$$x_g = \frac{0{,}24 + 16*32}{56} = 9{,}14\,cm$$
$$y_g = \frac{12*24 + 32*0}{56} = 5{,}14\,cm$$

y de esta manera:

cdg = G(9,14 ; 5,14)

Si colgamos la varilla como indica la figura, entonces:

$$\tan\alpha = \frac{16}{12} \Rightarrow \alpha = 54°\,57' \quad pues: \quad \frac{\sin\alpha}{\overline{OG}} = \frac{\sin\gamma}{\overline{y_1 G}} \quad y\ así:$$

γ = 55° 5'   y   90 − γ = 34° 55'

68: centro de gravedad complejo

Determinar la posición del centro de gravedad **(cdg)** de un alambre homogéneo doblado como indica la figura siguiente, donde:

$$\overline{OA} = \overline{OB} = R$$

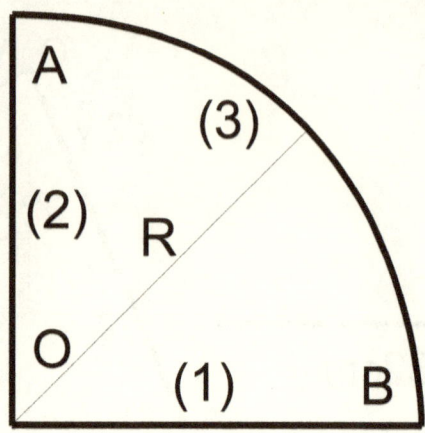

SOLUCIÓN:

En el tramo (1): $l_1 = R$; $x_1 = 0,5R$ e $y_1 = 0$
En el tramo (2): $l_2 = R$; $x_2 = 0$ e $y_2 = 0,5R$ $\quad$ *y para calcular* x_3 *e* y_3:
En el tramo (3): $l_3 = 0,5\pi R$; $\qquad x_3 = y_3$

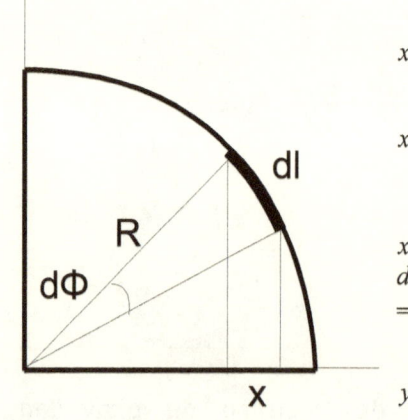

$$x_3 = \frac{\int x\,dm}{\int dm} = \frac{\int xL\,dl}{\int L\,dl} \Rightarrow$$

$$x_3 = \frac{\int x\,dl}{l} = \frac{\int x\,dl}{0,5\pi R} \quad \text{entonces:}$$

$\left. \begin{array}{l} x = R\cos\Phi \\ dl = R\,d\Phi \end{array} \right\} \Rightarrow x_3 = (2/\pi R)\int_0^{\pi/2} r^2 \cos\Phi\,d\Phi =$

$= (2R/\pi) = y_3$

y de esta manera:

$$x_G = \frac{\sum x_i l_i}{\sum l_i} = \frac{0,5R^2 + 0*R + (2R/\pi)0,5\pi R}{R + R + 0,5\pi R} = \frac{3R^2}{(4+\pi)R} \quad y\ \text{así:}$$

$$x_G = y_G = \frac{3R}{4+\pi}$$

Ejercicios de Física 2: Mecánica Clásica

69: centro de gravedad de un arco

Calcular la posición del *cdg* de un arco de circunferencia de radio **R** y de amplitud 2α

70: centro de gravedad de un semicírculo

Encontrar la posición del centro de gravedad de un semicírculo homogéneo y de radio **R**

SOLUCION:

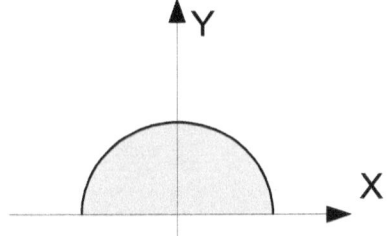

Por construcción:

$x_G = 0$

$$y_G = \frac{\int y\,dm}{\int dm} = \frac{\int y\,S\,ds}{S\dfrac{\pi R^2}{c2}} = \frac{\int y\,ds}{\dfrac{\pi R^2}{2}}$$

donde:

$S = dm/ds$ (*densidad superficial de masa*)
Y tomando un elemento diferencial de superficie (superficie elemental):

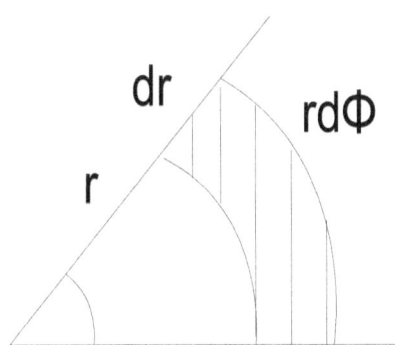

$ds = r\,d\Phi$ e $y = r\sin\Phi$

$$\int y\,ds = \int_0^\pi \int_0^R r^2\,dr\,\sin\Phi\,d\Phi =$$

$$= \int_0^\pi (1/3)r^3\Big|_0^R \sin\Phi\,d\Phi = (-1/3)R^3\cos\Phi\Big|_0^\pi = \frac{2R^3}{3}$$

$$y_G = \frac{(2/3) R^3}{(\pi R^2)/2} = \frac{4R}{3\pi}$$ *y por lo tanto, el cdg será:* $G\left(0, \frac{4R}{3\pi}\right)$ *o también:*

Usando los Teoremas de Pappus-Guldin, tendremos:

$$\frac{4}{3}\pi R^3 = \frac{\pi R^2}{2} 2\pi y_G \quad \text{y así:} \quad y_G = \frac{4R}{3\pi}$$

71: centro de masas de un triángulo

Determinar la posición del centro de masas *(cdm)* de un triángulo isósceles homogéneo.

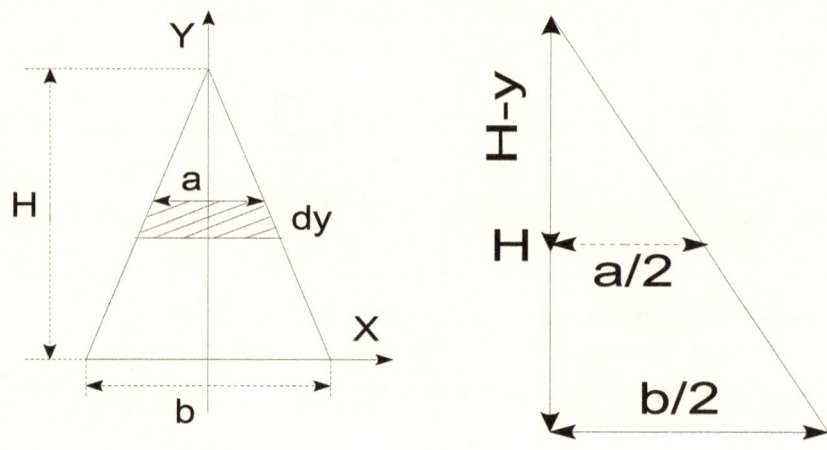

SOLUCIÓN:

Por construcción, $x_G = 0$

$$y_G = \frac{\int y\, dm}{\int dm} \frac{\int y S\, ds}{\int S\, ds} \Rightarrow$$

$$y_G = \frac{\int y\, ds}{bH/2} \Rightarrow \int y\, ds = \int_0^H y\frac{H-y}{H} b\, dy \quad \textit{pues:}$$

$ds = dy\, a$ *y por otra parte tenemos:*

$$\frac{a/2}{b/2} = \frac{H-y}{H} \Rightarrow a = \frac{H-y}{H} b \quad \textit{y así:}$$

$$\int y\,ds = \int_0^H y\frac{H-y}{H} b\,dy \quad \text{y por lo tanto:}$$

$$\int y\,ds = (b/H)\int_0^H (Hy - y^2)\,dy = (b/H)(\frac{Hy^2}{2} - \frac{y^3}{3})\Big|_0^H = \frac{bH^2}{6} \quad \text{y así:}$$

$$y_G = \frac{bH^2/6}{bH/2} = H/3 \quad \text{, por lo que el cdg de la figura es:}$$
$$G(0, H/3)$$

y_G también se podría calcular usando los teoremas de Pappus-Guldin, de la siguiente manera:

$$2(\frac{1}{3}\pi H^2 \frac{b}{2}) = \frac{bH}{2} 2\pi y_G \Rightarrow y_G = H/3$$

72: centro de gravedad irregular

Calcular la posición del **cdg** de la figura siguiente:

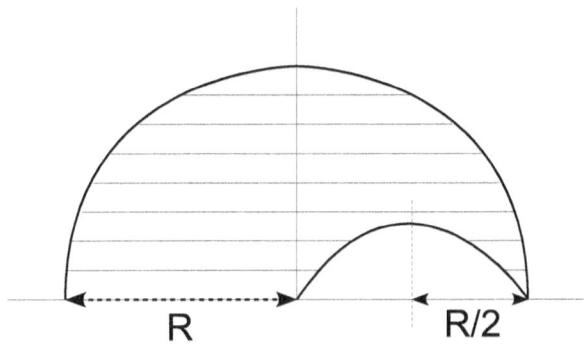

SOLUCIÓN:

$$x_G = \frac{R(\pi - 2)}{2(3\pi + 2)} \quad e \quad y_G = \frac{5R}{3\pi + 2}$$

73: centro de masas de una semi esfera

Calcular la posición del *cdm* de una semiesfera homogénea de radio **R**

SOLUCIÓN:

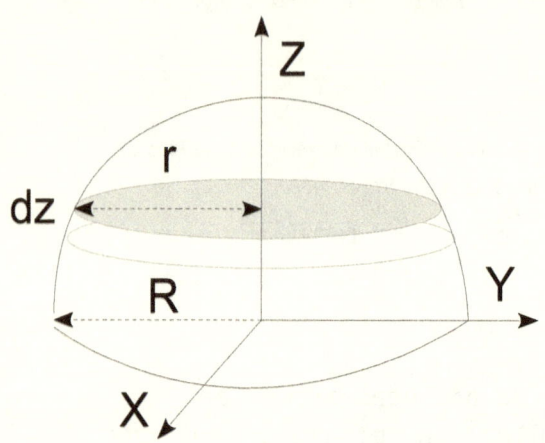

Por construcción: $x_G = y_G = 0$ y:

$$z_G = \frac{\int z\,dm}{\int dm} = \frac{\int z\rho\,dV}{\int \rho\,dV} \Rightarrow$$

Donde ρ es la densidad volúmica de masa.

Por otra parte:
$dV = \pi r^2 dz$, donde r y z son dependientes y por lo tanto:

$$\int z\,dV = \pi \int_0^R z(R^2 - z^2)\,dz = \pi\left(R^2\frac{z^2}{2} - \frac{z^4}{4}\right)\Big|_0^R = \pi\frac{R^4}{4} \Rightarrow$$

$$z_G = \frac{\pi R^4/4}{\frac{2}{3}\pi/R^3} \Rightarrow z_G = \frac{3R}{8} \quad \text{y por lo tanto:}$$

$$G\left(0, 0, \frac{3R}{8}\right)$$

Se podría haber considerado un elemento diferencial como:

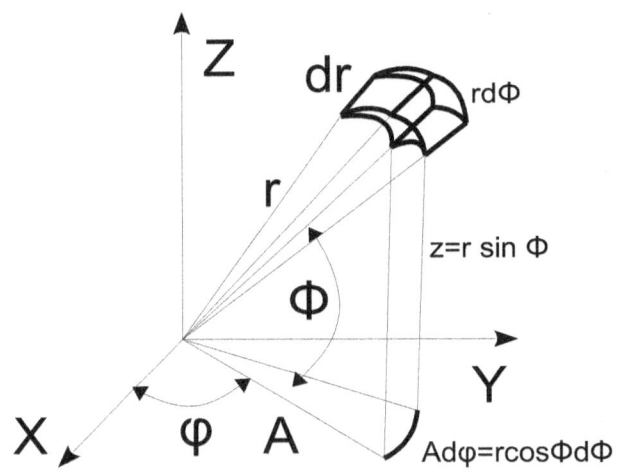

74: densidad variable

La densidad variable de una barra de longitud L viene dada por $\rho=\rho_o(1+kx)$, siendo x la distancia de un punto cualquiera de la barra al extremo de la misma, en la que la densidad es ρ_o y k una constante.

Calcular la posición del **cdg** de la barra y aplicarlo al caso en el que sucede que $k=1/L$

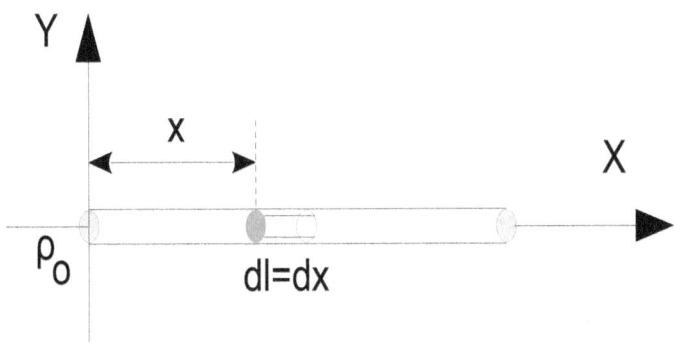

SOLUCIÓN:

Por construcción: $y_G=0$ y además:

$$x_G=\frac{\int x\,dm}{\int dm}=\frac{\int x\rho\,dV}{\int \rho\,dV}=\frac{\int x\rho_o(1+kx)s\,dl}{\int \rho_o(1+kx)s\,dl} \Rightarrow$$

$$x_G=\frac{\int x(1+kx)\,dl}{\int (1+kx)\,dl}=\frac{\int_0^L x(1+kx)\,dx}{\int_0^L (1+kx)\,dx}=\frac{(\frac{x^2}{2}+k\frac{x^3}{3})\big|_0^L}{(x+k\frac{x^2}{2})\big|_0^L} \Rightarrow$$

$$x_G=\frac{3L^2+2L^2}{3(2L+L)} \Rightarrow x_G=5L/9$$

75: centro de gravedad de un cuadrante

Calcular la posición del *cdg* de un cuadrante de círculo de radio **R** sabiendo que la densidad de un punto **(x,y)** viene dada por:

$$S=\arctan\left(\frac{y}{x}\right)$$

SOLUCIÓN:

$$x_G=1{,}97\,R \quad e \quad y_G=\frac{16R}{3\pi^2}$$

76: densidad variable e inestabilidad

Un paralelepípedo rectángulo de basa cuadrada, de lado **1,7m** y de altura **3m**, tiene densidad variable dada por: $\rho=2+z\,kg/m^3$ siendo **z** la distancia a la base.

¿Volcará el paralelepípedo si lo colocamos apoyado en la base sobre un plano inclinado **30º** con el suelo?.

77: momento de inercia de un sistema

Tres pequeños cuerpos, considerados como masas puntuales, están unidos por barras ligeras y rígidas como indica la figura siguiente.

Se pide:

a) ¿Cuál es el momento de inercia respecto a un eje perpendicular al plano de la figura y que pasa por el punto **A**?.

b) ¿Cuál es el momento de inercia respecto a un eje coincidente con la barra **BC**?.

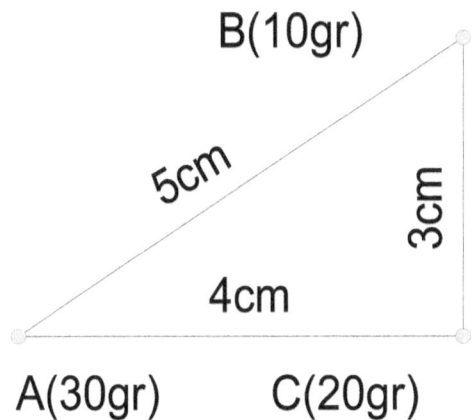

SOLUCIONES:

a) $I_A = \sum r_i^2 m_i = m_B \overline{BA}^2 + m_C \overline{BA}^2 = 10*5^2 + 20*4^2 \Rightarrow$
$I_A = 570gr\ cm^2$

b) $I_{BC} = m_A \overline{AC}^2 = 4^2 * 30 \Rightarrow I_{BC} = 480gr\ cm^2$

78: momento de inercia respecto a un eje

La figura siguiente muestra una barra delgada uniforme de masa **M** y longitud **L** Se desea calcular su momento de inercia respecto a eje perpendicular que pase por un punto arbitrario, **a** situado a una distancia **h** de uno de los extremos de la barra.

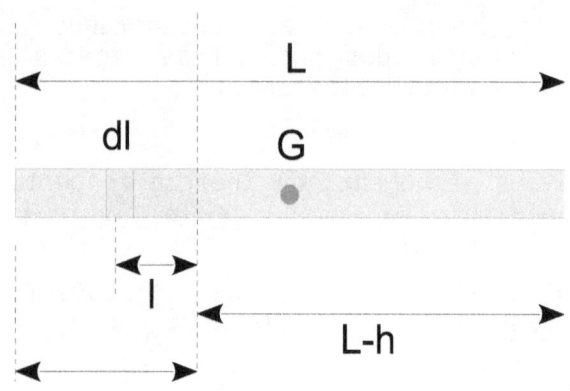

SOLUCIÓN:

$$dm = \rho\, dV = \rho s\, dl \;\Rightarrow\; I = \int l^2 \rho s\, dl = \rho s \int_{-h}^{L-h} l^2\, dl \;\Rightarrow$$

$$(\rho s/3)(L^3 - 3L^2 h + 3Lh^2 - h^3 + h^3) = \frac{\rho sL}{3}(L^2 - 3Lh + 3h^2) \quad y\ como:$$

$M = \rho sL$, entonces:

$$I = \frac{M}{3}(L^2 - 3Lh + 3h^2) \quad y\ si\ h=0 \;\Rightarrow I = \frac{ML^2}{3} \quad y\ si:\ h = L/2 \;\Rightarrow$$

$$I = \frac{ML^2}{12}$$

79: momento de inercia y centro de gravedad

Calcular el momento de inercia de una varilla delgada y homogénea de masa **M** y longitud **L** en los siguientes casos:

a) Respecto a un eje que pasa por el **cdg** y forme un ángulo α con la varilla.

b) Respecto a un eje que corta la varilla en un punto distante **L/4** del centro de gravedad **(cdg)** y que forma un ángulo α con la varilla.

SOLUCIONES:

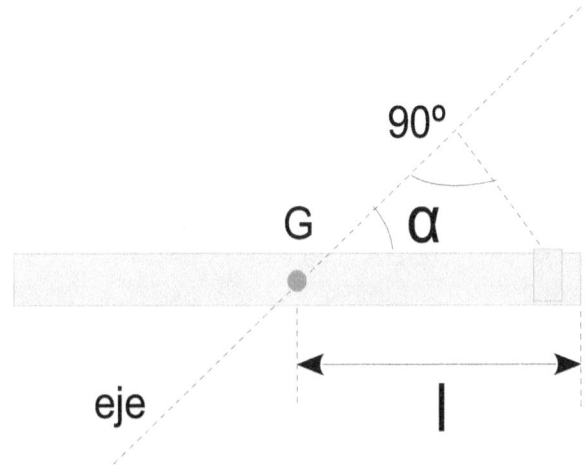

$I = \int r^2 dm$ donde:
$dm = \rho\, dV = \rho\, s\, dl$ y:
$\sin\alpha = r/l$ y así:

a)

$$I = \int (l\sin\alpha)^2 \rho\, sdl = \rho s \sin^2\alpha \int_{-L/2}^{L/2} l^2 dl$$

y de esta manera:

$I = \rho s \sin^2\alpha (1/3)(\dfrac{L^3}{8} + \dfrac{L^3}{8}) = \rho s L^3 \sin\alpha/12$ y como: $M = \rho sl$ entonces:

El momento de inercia es: $I = ML^2 \sin^2\alpha/12$

b)   Con el resultado anterior y el Teorema de Steiner, tenemos:

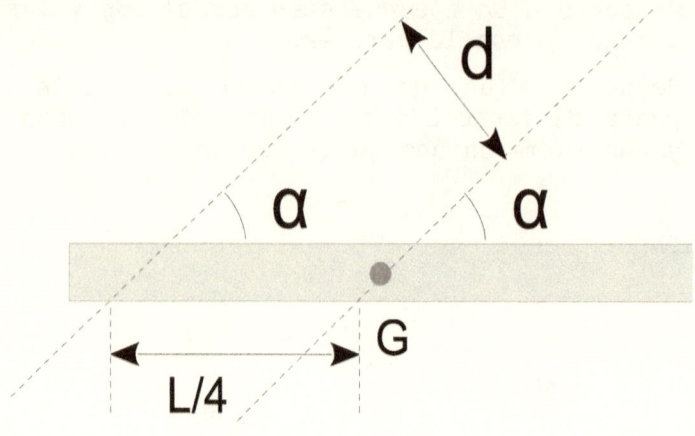

$$I' = I + Md^2 \quad \text{así:}$$
$$d = (L/4)\sin\alpha \quad \text{entonces:}$$
$$I' = I + M\left(\frac{L}{4}\sin\alpha\right)^2 \quad \text{y por lo tanto:}$$

$$I' = \frac{ML^2 \sin^2\alpha}{12} + M\left(\frac{L}{4}\sin\alpha\right)^2 \Rightarrow$$
$$\boldsymbol{I' = ML^2 \sin^2\alpha\,(7/48)}$$

80: momento de inercia de un triángulo

Con tres varillas de igual longitud *L*, se construye un triángulo equilátero.

Cada varilla tiene una masa *M* y las tres poseen igual densidad lineal de masa.

Calcular el momento de inercia de tal triángulo respecto a un eje que coincida con una de las alturas del triángulo.

SOLUCIÓN:

Ejercicios de Física 2: Mecánica Clásica

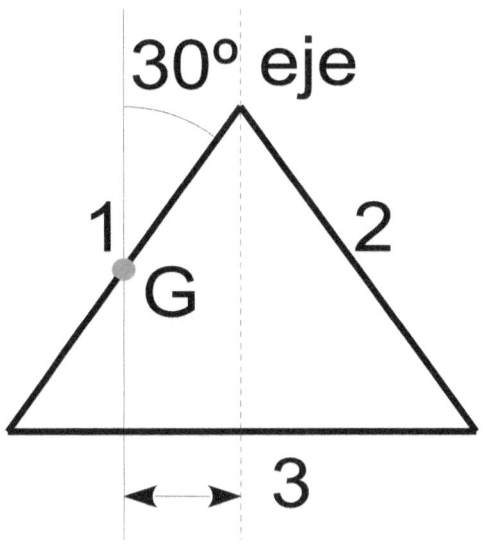

$I = \sum I_i$ (suma momentos de cada varilla)

$I_3 = ML^2/12 \Rightarrow I_2 = I_1 \Rightarrow$
$I_1 = I_{cdm} + Md^2$ y así:
$I_1 = I_2 = ML^2 \sin^2 30°/12 + M((L/2)\sin 30°)^2 \Rightarrow$
$I_1 = I_2 = ML^2/12$ (ver ejercicios anteriores) $\Rightarrow$

$$I = \frac{ML^2}{12} + 2\frac{ML^2}{12} \Rightarrow I = \frac{ML^2}{4}$$

81: momento de inercia de un cilindro

La figura siguiente muestra un cilindro hueco de altura L y radios interno y externo R_1 y R_2 respectivamente.

Calcular su momento de inercia respecto a un eje que pasa por el centro del cilindro en el sentido longitudinal.

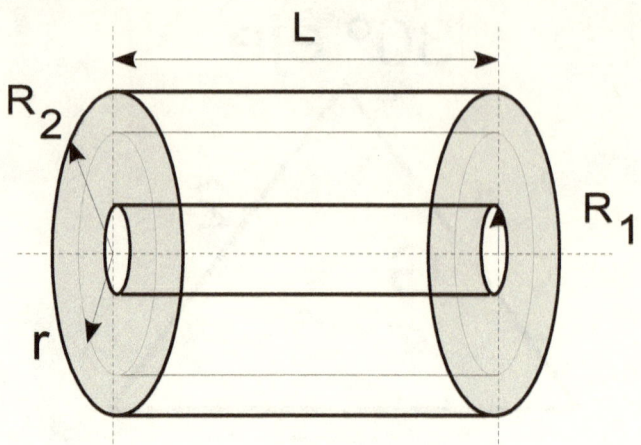

SOLUCIÓN:

Tomado como elemento diferencial un cilindro de igual eje longitudinal que el de la figura, de radio interior R_1 y exterior **r** entonces:

$dm = \rho\, dV = \rho\, (\pi(r+dr)^2 - \pi r^2)\, L = \rho L (2\pi r\, dr + \pi\, dr^2) = 2\pi \rho L r\, dr$ donde: se ha despreciado el término dr^2 y entonces:

$I = \int 2\pi \rho r^3 L\, dr = 2\pi \rho L \int_{R_1}^{R_2} r^3\, dr$ y por lo tanto:

$I = \dfrac{\pi \rho L}{2}(R_2^4 - R_1^4)$ y como: $M = \rho V = \rho L (\pi R_2^2 - \pi R_1^2) = \rho L \pi (R_2^2 - R_1^2)$

así: $I = (\pi \rho L/2)(R_2^2 - R_1^2)(R_2^2 + R_1^2) \dfrac{M}{\rho L M (R_2^2 - R_1^2)}$ $\Rightarrow$

$$I = \dfrac{M}{2}(R_2^2 + R_1^2)$$

Y si el cilindro fuera mazizo, entonces: $R_1 = 0$ y así: $I = MR^2/2$
Y si el cilindro fuera hueco, entonces: $R_1 = R_2$ y así: $I = MR^2$

82: momento de inercia de una varilla

Una varilla delgada de longitud **L** y masa **M** tiene una densidad variable dada por: $\rho = \rho_o(1+x/l)$ siendo **x** la distancia de un punto cualquiera de la varilla al extremo cuya densidad ρ es menor.

Calcular:

a) El momento de inercia de la varilla respecto a un eje perpendicular a la misma y que pasa por el extremo que posee la densidad ρ_o

b) El momento de inercia de la varilla respecto a un eje perpendicular a ella y que pasa por el centro de gravedad de la misma.

83: momento de inercia de una lámina

Calcular el momento de inercia de una lámina triangular de base **a** y altura **H** para los siguientes casos:

a) Respecto a un eje que coincida con la base.

b) Respecto a un eje que coincida con la altura.

c) Respecto a un eje perpendicular al triángulo y que pasa por la mitad de la base.

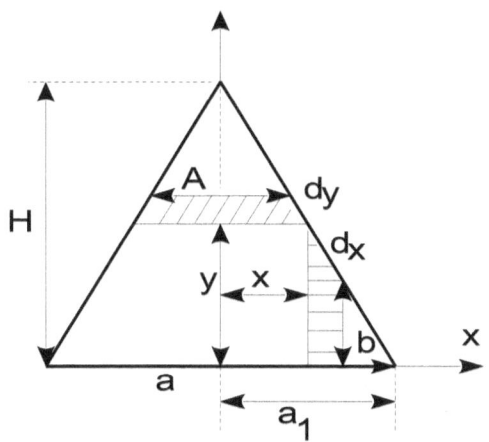

SOLUCIONES:

a)
$$I_x = \int r^2 dm = \int y^2 S ds = \int_0^H y^2 S \frac{H-y}{H} a\, dy =$$
$$= (Sa/H)(\frac{Hy^3}{3} - \frac{y^4}{4})\Big|_0^H \Rightarrow$$
$$I_x = (SaH^3/12)(2M/SaH) \quad \text{entonces:}$$

$$I_x = MH^2/6$$

b)
$$I_y = \int r^2 dm = \int x^2 S ds = \int x^2 bS dx = \int_0^{a_1} x^2 S \frac{a_1-x}{a_1} H dx =$$
$$= (SH/a_1)(a_1\frac{x^3}{3} - \frac{x^4}{4})\Big|_0^{a_1} = (SH/a_1)(a_1^4/12) =$$
$$= (SHa_1^3/12)(M_1 2/Sa_1 H) = (M_1 a_1^2/6) \quad \text{y como:}$$

$I_y = I_{y1} + I_{y2}$ (con 1,2 las dos mitades de la figura separadas por el eje Y)
$I_y = (M_1 a_1^2/6) + (M_2 a_2^2/6)$ y así:

$$I_y = (M/6a)(a_1^3 + a_2^3) \quad \text{pues:} \quad M_1 + M_2 = M \quad y \quad a_1 + a_2 = a$$

c) Si el punto dado es **O**, entonces el momento de inercia respecto a un punto se puede obtener como suma de los momentos de inercia de los tres ejes coordenados:

$I_O = I_{yz} + I_{xz} + I_{xy}$ con $I_{xy} = 0$ pues la lámina está sobre XY. Entonces:
$I_O = (MH^2/6) + (M/6a)(a_1^3 + a_2^3)$ ver a) y b). Y así:

$$I_O = \frac{M}{6}(H^2 + \frac{a_1^3 + a_2^3}{a})$$

NOTA: el momento de inercia respecto a un eje se puede obtener como suma de los momentos de inercia respecto a dos planos.

Ejercicios de Física 2: Mecánica Clásica

> 84: momento de inercia de un semicírculo

Calcular el momento de inercia de una lámina semicircular homogénea de radio **R** y masa **M** en los siguientes casos:

a) Respecto a un eje perpendicular al plano del disco y que pase por el centro del mismo.

b) Respecto al diámetro de la figura.

c) Respecto a un eje perpendicular al disco y que pasa por el cdg

d) Respecto a un eje paralelo al diámetro de la figura y que pase por el cdg del semicírculo.

SOLUCIONES:

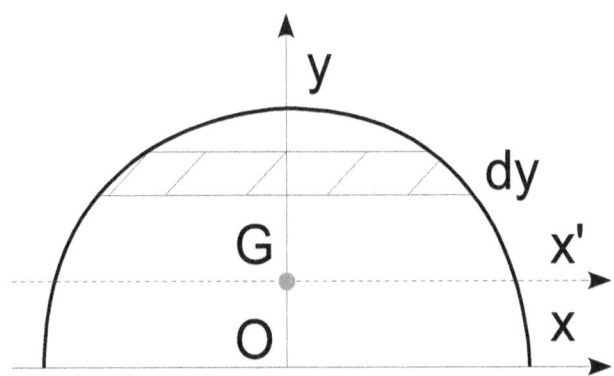

a)
Para un círculo completo:
$I = MR^2/2$ *entonces:* $I' = 0,5 I$ *y por lo tanto*

$$I' = MR^2/4$$

b) $I_x = \int y^2 S ds = \int y^2 S 2r dy = \int y^2 S 2(R^2 - y^2)^{1/2} dy \Rightarrow$

$I_x = 2MR^2/16$ *y por lo tanto, como:* $I_x = 2S \int_0^R y^2 (R^2 - y^2)^{1/2} dy \Rightarrow$

$$I_x = \frac{MR^2}{8}$$

Aplicando el Teorema de Steiner, se deduce que:
$I'=I_G+M\overline{OG}^2 \Rightarrow I_G=I'-M\overline{OG}^2$ con $I'=I_O$ y por lo tanto:

c) como: $\overline{OG}=y_G \Rightarrow y_G=\dfrac{\int y\,dm}{\int dm}=\dfrac{2\int_0^R yS(R^2-y^2)^{1/2}dy}{S\dfrac{\pi R^2}{2}} \Rightarrow$

$y_G=\dfrac{(2/3)S(-(R^2-y^2)^{3/2})\big|_0^R}{S(\pi R^2/2)}=\dfrac{4R}{3\pi}$ y así: $I_G=\dfrac{MR^2}{4}-M\left(\dfrac{4R}{3\pi}\right)^2$

Aplicando el Teorema de Steiner:

d) $I_{x'}=I_x-M\overline{OG}^2$ con: $I_x=MR^2/8$ (ver b)) y $\overline{OG}=y_G \Rightarrow$
$I_{x'}=\dfrac{MR^2}{8}-M\left(\dfrac{4R}{3\pi}\right)^2$

85: momentos de inercia de un cilindro

Calcular el momento de inercia de un cilindro de revolución, de altura **H** y radio **R**, respecto a:

a) Un plano que contenga al eje del cilindro.

b) Al plano que, siendo paralelo a las bases, contiene el cdg del cilindro.

c) A un eje, que pasando por el cdg del cilindro, es perpendicular al eje del cilindro.

d) A un eje paralelo al anterior y que pasa por el centro de una de las bases.

SOLUCIONES:

a) $I_1=\dfrac{MR^2}{4}$; b) $I_2=\dfrac{MH^2}{12}$; c) $I_3=\dfrac{M}{4}\left(R^2+\dfrac{H^2}{3}\right)$; d) $I_4=\dfrac{M}{4}\left(R^2+\dfrac{4}{3}H^2\right)$

86: momentos y productos de inercia

Determinar:

a) Los momentos de inercia.

b) Los productos de inercia.

c) Los momentos principales de inercia y la dirección de los ejes principales para una placa cuadrada de lado **a** con respecto a los ejes **X,Y,Z** como indica la figura siguiente:

SOLUCIONES:

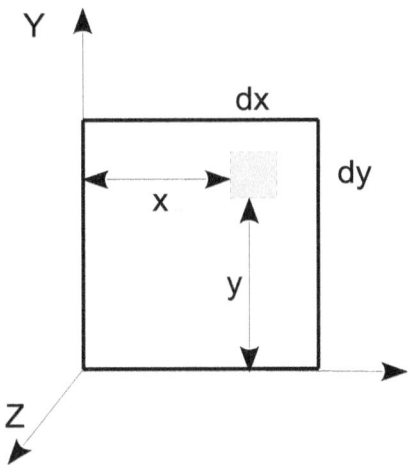

a)
$$I_{xx}=\int (y^2+z^2)dm=\int_0^a\int_0^a y^2 Sdxdy=Sa\int_0^a y^2 dy \Rightarrow$$
$$I_{xx}=Ma^2/3$$
$$I_{yy}=\int (x^2+z^2)dm=\int_0^a\int_0^a x^2 Sdxdy=Sa\int_0^a x^2 dx \Rightarrow$$
$$I_{yy}=Ma^2/3$$
$$I_{zz}=\int (x^2+y^2)dm=\int_0^a\int_0^a S(x^2+y^2)dxdy; \quad y\ así:$$
$$I_{zz}=2Ma^2/3$$

(S es la densidad superficial de la masa)

b)
$$\left.\begin{array}{l}((Ma^2/3)-I)\omega_x+I_{xy}\omega_y+I_{xz}\omega_z=0\\I_{yx}\omega_x+((Ma^2/3)-I)\omega_y+I_{yz}\omega_z=0\\I_{zx}\omega_x+I_{zy}\omega_y+(\frac{2}{3}Ma^2-I)\omega_z=0\end{array}\right\}\Rightarrow$$

$$I_{xy}=I_{yx}=-\int xy\,dm=-\int_0^a\int_0^a Sxy\,dx\,dy=-S\frac{a^2}{2}\int_0^a y\,dy\Rightarrow$$

$$I_{xy}=I_{yx}=\frac{-Ma^2}{4}\quad\text{además:}\quad I_{xz}=I_{zx}=I_{yz}=I_{zy}=0\quad\text{(pues z es nula)}$$

c)
$$\left.\begin{array}{l}((Ma^2/3)-I)\omega_x-(Ma^2)\omega_y=0\\-(Ma^2/4)\omega_x+((Ma^2/3)-I)\omega_y=0\\((2Maa/3)-I)\omega_z=0\end{array}\right\}\Rightarrow$$

Y para que la solución sea distinta de la trivial, el determinante de los coeficientes debe ser 0, esto es:

$$I_1=\frac{2Ma^2}{3};\quad I_2=\frac{7Ma^2}{12};\quad I_3=\frac{Ma^2}{12}\Rightarrow\omega_x=\omega_y=0\Rightarrow$$
$$\vec{\omega}=\omega_z\vec{k}=\omega_x(\vec{i}-\vec{j})=\omega_x(\vec{i}+\vec{j})$$

87: producto de inercia de un cuadrante

Calcular el producto de inercia respecto al radio límite de un cuadrante de círculo de radio **R**

88: momento de inercia de una rueda

Se ejerce sobre una rueda pivotada, un momento constante y de valor *20Nw.m* durante *10s* con lo que la velocidad angular adquirida por la rueda aumenta desde *0 hasta 100rpm*

Ejercicios de Física 2: Mecánica Clásica

Se suprime entonces el momento exterior y la rueda se detiene por el rozamiento al cabo de **100s**

Calcular:

a) El momento de inercia de la rueda.

b) El número total de vueltas dadas por la rueda hasta detenerse.

c) El momento del rozamiento.

SOLUCIONES:

a) $M = I\alpha = I\,d\omega/dt \Rightarrow I\,d\omega = M\,dt$ y así:

$$\int_0^{10\pi/3} I\,d\omega = \int_0^{10} M\,dt \quad \text{pues } 100\text{rpm} = \frac{10\pi}{3} rad/s \quad \text{y de esta manera:}$$

$$I = M\frac{t-t_o}{\omega-\omega_o} \Rightarrow I = \frac{60}{\pi} kg.m^2$$

b) En este apartado distinguimos dos partes:

Fenómeno de aceleración:

1) $\left.\begin{array}{l}\phi_1 = \omega_o t_1 + 0{,}5\,\alpha t^2 = 0{,}5\,\alpha t^2 \\ \omega = \omega_o + \alpha t = \alpha = \omega/t\end{array}\right\} \Rightarrow \alpha = \frac{1}{6} rev/s^2 \Rightarrow$

$\phi_1 = 0{,}5\,(1/6)\,10^2 = \frac{25}{3} rev$

Fenómeno de frenado:

2) $\left.\begin{array}{l}\phi_2 = \omega t' - 0{,}5\,\alpha' t'^2 \\ \omega_f = 0 = \omega - \alpha' t'\end{array}\right\} \Rightarrow \alpha' = \frac{1}{60} rev/s^2 \Rightarrow$

$\phi_2 = (100/60)\,100 - 0{,}5\,(1/60)\,100^2 = \frac{10^3}{12} rev$

Por lo tanto: $\phi_t = \phi_1 + \phi_2 \Rightarrow \boldsymbol{\phi_t = \frac{275}{3}}$ *vueltas*

$M_r = I\alpha' = I(d\omega'/dt)$ entonces:

c) $\int_0^{100} M_r dt = \int_0^\mu Id\omega'$ ⇒ $M_r(100-0) = (60/\pi)(-20\pi/60)$ y así:

$M_r = -2 Nw.m$ donde - significa momento de frenado

89: el yo-yo

Un cuerpo en forma de "yo-yo" consta de dos discos de **6cm** de diámetro y **2mm** de altura unidos por un cilindro de **1cm** de diámetro y de igual altura que los discos (los tres elementos son coaxiales, homogéneos y de igual materia).

La masa del conjunto es de **73gr**

Se enrolla en el cilindro un "hilo dental", esto es: un hilo sin peso y no extensible, que se le fija por un extremo y sujetando el otro extremo a un punto móvil.

Calcular:

a) La velocidad lineal cuando el conjunto desciende **60cm** sin velocidad inicial.

b) La tensión que posee entonces el hilo.

SOLUCIÓN:

a) La variación de energía potencial se invierte en cambio de energía cinética de rotación y traslación, así:

$DE_p = DE_c + DE'_c$

Donde DE_x es la variación de la magnitud x

Entonces:

$DE_p = M_c gh$; $DE_c = 0.5 M_c V^2$; $DE'_c = 0.5 I \mu^2$ y así:
$DE'_c = 0.5 I (V/r)^2$ e $I = 2I_g + I_p$ donde I_g es el momento de inercia de los discos e I_p el del cilindro central. De esta manera:

$I = 2(M_g R^2/2) + m(r^2/2)$ donde M_g es la masa de cada disco, R su radio y m la masa del cilindro central y r su radio.

Por lo tanto, tenemos:

$M_g = \rho h_g \pi R^2$ y $m = \rho h_p \pi r^2$ y como: $h_g = h_p$ entonces:
$\dfrac{M_g}{m} = \dfrac{R^2}{r^2} = 36$ ⇒ $M_g = 36m$ y como: $2M_g + \dfrac{M_g}{36} = M_c = 73$gr ⇒
$M_g = 36$gr y $m = 1$gr ⇒ $I = 2\dfrac{36*3^2}{2} + 1\dfrac{0.5^2}{2} = 324.125 \, gr.cm^2$ ⇒

Aplicando la ecuación de partida, tendremos que;
$53*1000*60 = 0.5*73V^2 + 0.5*324.125\dfrac{V^2}{0.5^2}$ con lo que:

$V = 79.17 \, cm/s$

b) $W - T = M_c a$ donde W es el peso del yo-yo, y así:
$V^2 - V_o^2 = 2ah$ y como: $V_o = 0$ ⇒ $a = V^2/2h$ entonces:
$T = 73*1000 - 73\dfrac{79.17^2}{2*60}$ ⇒ **$T = 67.726,6 \, din$**

Ejercicios Propuestos en Exámenes

Ejercicios de Física 2: Mecánica Clásica

90: tiempo de parada y espacio recorrido

Una masa de **2kg** se lanza con una velocidad de **50m/s** según una trayectoria rectilínea horizontal. El coeficiente de rozamiento dinámico es **0,2**

Calcular el tiempo que tarda en detenerse dicha masa y el espacio recorrido.

91: momento lineal, angular de 3 partículas

Tres partículas de masas **1, 2** y **3 unidades**, se mueven sobre trayectorias espaciales cuyos puntos vienen dados por los vectores de posición:

$$\left.\begin{array}{l}\vec{r}_1 = 2t^2\vec{i} - 3t\vec{j} + 2t\vec{k} \\ \vec{r}_2 = 2t^2\vec{i} - 2t\vec{j} + 2\vec{k} \\ \vec{r}_3 = (t+1)\vec{i} - 2t^2\vec{j} + t^3\vec{k}\end{array}\right\}$$

Calcular:

a) El momento lineal en función del tiempo.

b) El momento angular para **t=1s**

c) La energía cinética para **t=1** y **t=2s**

d) El trabajo realizado desde **t=1** a **t=2s**

92: fuerza y distancia

Un barquero quiere atravesar un río con una lancha cuyo motor proporciona una fuerza en **Nw** igual al peso de todo el conjunto en **kg**

Al llegar a la mitad del río, se encuentra con una corriente que ejerce una fuerza sobre la barca igual a la suministra el motor. Emplea en hacer el recorrido **16s**

Determinar:

a) La anchura del río.

b) ¿A qué distancia del punto deseado llegará a la otra orilla?

93: lanzamiento sobre un plano inclinado

Un bloque de **100kg** es lanzado hacia arriba por un plano inclinado **15º** Si el coeficiente de rozamiento entre el bloque y la superficie del plano es **0,25**

Calcular:

1) El tiempo que tarda en detenerse, si se lanza con una velocidad inicial de **25m/s**

2) La velocidad con que retornará al punto de partida.

3) El tiempo que tarda en subir y bajar.

4) Hacer un estudio energético indicando los valores de las energía cinética y potencial en los puntos más alto y más bajo de la trayectoria, justificar numéricamente la diferencia que existe entre la suma de ambas en los puntos indicados.

5) Momentos lineal y angular con respecto al punto más bajo, cuando está subiendo, en la mitad de la trayectoria.

94: centro de masas, momentos lineal y angular

Dos partículas de masas iguales a **3kg** se mueven con velocidades:

$$\left.\begin{array}{l}\vec{v}_1 = 10\,\vec{i}\ m/s \\ \vec{v}_2 = -4\,\vec{i} + 7\,\vec{j}\ m/s\end{array}\right\} \quad En\,los\,puntos: \ (0,1,1)\,y\,(-1,0,2) \ \ respectivamente.$$

1) Calcular la posición del centro de masas.

2) Determinar el momento lineal respecto al centro de masas.

3) Determinar el momento angular del sistema respecto al centro de masas.

4) Momento angular con relación al origen.

95: aceleración y tensiones

En el sistema de la figura siguiente, la cuerda arrastra a la polea **P** sin deslizar sobre ella.

Las masas de los bloques y la polea son:

$m_A = 10 kg$; $m_B = 2 kg$ y $m_P = 10 kg$

El radio de la llanta de la polea es **r=20cm** y su radio de giro **K=10cm**

Sabiendo que el coeficiente de rozamiento del bloque m_B con el plano inclinado, es **0,2**

Calcular:

1) La aceleración con la que se mueven los cuerpos de la figura.

2) Las tensiones de las cuerdas.

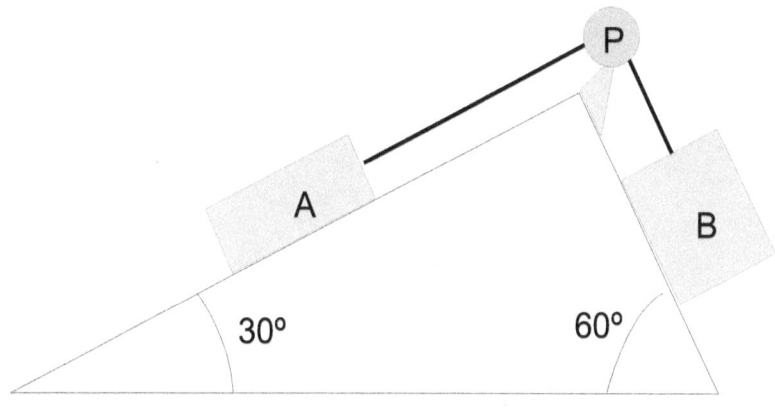

96: vector de posición, momentos y energía

Dos partículas de masas **2** y **3 unidades**, se mueven en el espacio. En un momento dado, sus posiciones son *(6,4)* y *(6,-6)* y sus velocidades:

$$\vec{v}_1 = 2\vec{i} - 5\vec{j} + 3\vec{k} \quad y \quad \vec{v}_2 = 2\vec{i} + 3\vec{k}$$

Calcular:

1) El vector de posición de su centro de masas.
2) El momento lineal respecto a su centro de masas.
3) El momento angular respecto al origen.
4) El momento angular respecto a su centro de masas.
5) La energía cinética del sistema.

97: velocidad de un bloque con rozamiento

Los bloques **A** y **B** de la figura siguiente pesan **10kg** y **5kg** respectivamente y deslizan sobre sendas superficies lubricadas para las que se puede suponer que: $\mu_d = 0,10$

Suponiendo que el sistema se abandona a si mismo a partir del reposo, calcular la velocidad del bloque **B** al cabo de **5s**

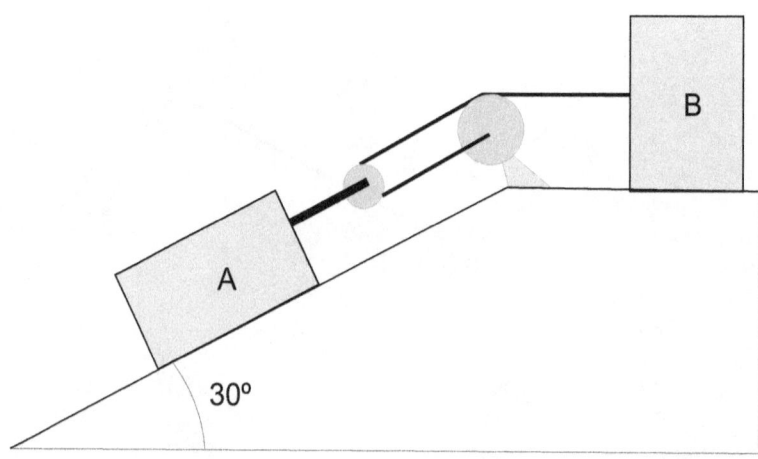

Ejercicios de Física 2: Mecánica Clásica

98: momento lineal, angular y total

Tres partículas de masas **2, 3** y **5 unidades** se mueven bajo la influencia de un campo de fuerzas de manera que sus vectores de posición relativos a un sistema de coordenadas fijo, están dados respectivamente por:

$$\left.\begin{array}{l}\vec{r}_1 = 2t\,\vec{i} - 3\,\vec{j} + t^2\vec{k} \\ \vec{r}_2 = (t+1)\vec{i} + 3t\,\vec{j} - 4\vec{k} \\ \vec{r}_3 = t^2\vec{i} + t\,\vec{j} + (2t-1)\vec{k}\end{array}\right\}$$ *Donde t es el tiempo.* Calcular:

1) El vector de posición del centro de masas.
2) El momento lineal y el momento angular del sistema respecto al centro de masas.
3) El momento total externo aplicado al sistema con relación al centro de masas.
4) La energía total del sistema para **t=1** referida al plano **XY**

99: aceleración angular en sistema de poleas

Un sistema de poleas consta de dos discos de radios r_1 y r_2, que están rígidamente unidos uno al otro y que puede rotar libremente alrededor de un eje horizontal fijo que pasa por el centro **O**

Un peso **W** se suspende por medio de una cuerda que se enrolla al disco menor como indica la figura siguiente.

Con radio de giro de la polea **K** y peso **W'**

Calcular:

1) La aceleración angular con la cual desciende el peso.
2) La tensión de la cuerda.

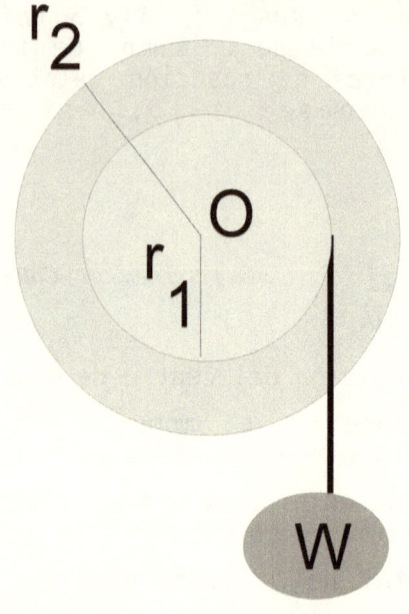

Rotación en O
Radio de Giro=K
¿ω?
¿T?

100: aceleración del centro de masas y momentos

Tres partículas de masas: **1, 2** y **3 unidades** ocupan posiciones descritas por sus vectores de posición:

$$\left.\begin{array}{l} \vec{r}_1 = t\vec{i} + 2t^2\vec{j} - 3t\vec{k} \\ \vec{r}_2 = 2t\vec{i} - \vec{j} - t\vec{k} \\ \vec{r}_3 = t^3\vec{i} + 2(t^2-1)\vec{j} + 2\vec{k} \end{array}\right\} \quad Calcular:$$

1) La aceleración del centro de masas.

2) El momento lineal con respecto al origen.

3) El momento angular con respecto al mismo punto.

4) La energía total con respecto al plano **XY** para **t=2s**

Ejercicios de Física 2: Mecánica Clásica

101: período, energías cinética y potencial

Una partícula de masa **5kg** se mueve a lo largo del eje **X** y hacia el origen, sometida a una fuerza dada por $\vec{f} = -20x\vec{i}$

Inicialmente se encuentra a **2m** del origen y posee una velocidad de **10m/s**

Calcular:

1) El período del movimiento.

2) El instante en que pasa por el origen por primera vez.

3) Las energías cinéticas y potencial en dicho instante.

102: energía cinética de pesos en una polea

Dos poleas coaxiales de radios: **r=50cm** y **R=80cm** están unidas entre sí formando una polea doble cuya masa total es **m=200kg** y cuyo radio de giro respecto al eje común es **K=60cm**

Los hilos arrollados en sentido contrario y de los que penden masas $M_1 = 100kg$ y $M_2 = 50kg$ son de masa despreciable.

El sistema se deja libre, sin velocidad inicial, en la posición indicada en la figura.

Calcular:

1) La altura total recorrida por M_2 desde la posición inicial hasta que se detiene.

2) La energía cinética de la masa M_1 al llegar al suelo.

Se supone que no hay rozamientos y que el eje de la polea está a **5m** del suelo.

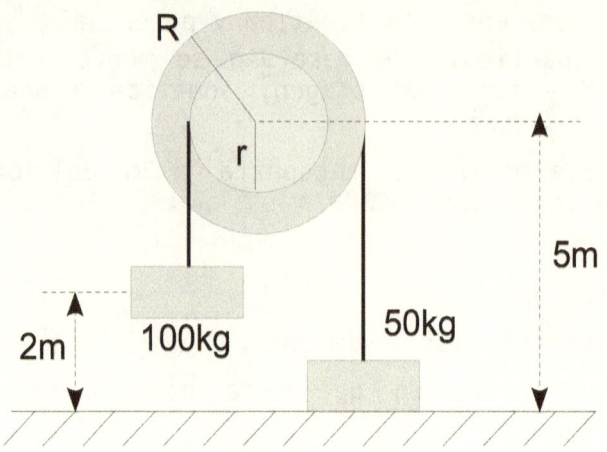

103: momentos lineal y angular de polea doble

Dos poleas coaxiales, de radios **30cm** y **60cm** están unidas entre si formando una polea doble de masa total **100kg**

El eje de giro con respecto al eje común es **50cm**

De estas poleas penden, a través de hilos enrollados en sentidos contrarios, dos pesos de **200kg** y **100kg** respectivamente.

El sistema se deja en libertad cuando el peso de **200kg** está situado **2m** por encima del peso de **100kg**

Calcular:

1) La altura total que asciende la masa de **100kg**

2) Cuando el bloque de **200kg** ha descendido **2m** se corta el hilo que lo unía a la polea y es sometido, además de la fuerza debida al campo gravitatorio a una fuerza de **50kg** dirigida en el sentido positivo del eje **X**

3) Calcular, al cabo **de 2s** su momento lineal y su momento angular con respecto a la posición en que empieza a actuar la fuerza horizontal del **50 kg**

104: empuje y trabajo

Un recipiente cilíndrico, de radio *r* y altura *h* se encuentra lleno de agua y sumergido en un estanque también con agua, de tal manera que la parte superior del recipiente está inicialmente enrasada con el agua del estanque.

Suponiendo despreciable el peso del recipiente, calcular el trabajo que se habrá de realizar para sacarlo del estanque hasta que la parte superior del cilindro enrase con el agua.

105: conservación de la energía

Una masa puntual de **10kg** inicialmente en reposo, es acelerada durante **10s** por una fuerza constante de valor: $\vec{F} = 198\vec{i} + 198\vec{k}$ Nw

Al cabo de este tiempo, la fuerza anterior deja de actuar y la partícula se encuentra sometida a la fuerza de la gravedad, que actúa según el eje **Z** y a una fuerza resistente de valor: $\vec{f} = -2\vec{i}$ Nw

Calcular:

1. Su energía cinética, en el instante en que deja de actuar $\vec{F}$

2. Energía cinética, momentos lineal y angular, con respecto al origen de coordenadas situado en el punto en que deja de actuar $\vec{F}$ cuando se encuentra en el punto más alto de la trayectoria.

3. Comprobar en este punto la conservación de la energía.

4. Momento angular con respecto al origen, cuando vuelve a pasar por la horizontal en que se encuentra éste.

5. ¿Cuál es la fuerza total que actúa sobre la partícula en dicho instante?.

6. Calcular el momento de esta fuerza con respecto al origen y compararla con el resultado del apartado **4**

Razonar todo lo calculado y tomar: $g=10m/s^2$

| 106: lanzamiento vertical en plano inclinado |

Un bloque de **100kg** es lanzado hacia arriba sobre un plano inclinado **45º** El coeficiente de rozamiento entre el bloque y el plano es **0,25**

Calcular:

1) Siendo la velocidad inicial **25m/s** ¿cuánto tiempo se mueve sobre el plano?.

2) ¿Con qué velocidad retorna al punto de partida?.

3) Suponiendo el origen de coordenadas en el punto más bajo del plano **(0,0)** Calcular el momento lineal y el angular con respecto al punto **(8,0)** cuando el bloque se haya en el punto medio de su trayectoria.

4) Hacer un estudio energético indicando valores de energías cinética y potencial de los puntos más alto y más bajo de la trayectoria, justificar las diferencias numéricas.

| 107: fuerza y tipo de movimiento |

Un cuerpo de **2kg** se encuentra sobre otro de **10kg** y entre ambos existe una fricción caracterizada por un coeficiente de valor **0,3**

Se pretende saber el valor de la mayor fuerza que se puede hacer sobre el de mayor peso para que los dos se muevan con la misma aceleración.

También se quiere saber el tipo de movimiento de ambos si la fuerza ejercida sobre el mayor es ahora el doble de la calculada anteriormente.

108: explosión de un proyectil

En el punto más alto de su trayectoria hace explosión en tres fragmentos iguales un proyectil que había sido lanzado verticalmente con una velocidad inicial de **400m/s**

Uno de los fragmentos se mueve verticalmente hacia arriba con una velocidad de **100m/s** un segundo fragmento sigue moviéndose con velocidad de **200m/s** formando inicialmente un ángulo de **30º** con la vertical y el tercero es el objeto que nos interesa.

De él se quiere saber el tiempo que tardará en caer al suelo desde el lanzamiento del proyectil.

Tomar: $g = 10 m/s^2$

109: momento de inercia de una lámina

Calcular el momento de inercia de una lámina en forma de triángulo rectángulo de catetos desiguales cuando gira alrededor de cada uno de éstos.

Idem, cuando gira alrededor de un eje perpendicular a los anteriores y que pasa por el vértice del triángulo en que ambos se cortan.

Idem, cuando gira alrededor de un eje perpendicular al plano de la placa y que pasa por el vértice intersección del cateto menor y la hipotenusa.

☉☉☉

Anexos

*Momentos de inercia

1) Varilla delgada de longitud **a** y masa **M**:

a)   Alrededor de un eje perpendicular a la varilla y que pasa por su cdm:

$$I=\frac{1}{12}Ma^2$$

b)   Alrededor de un eje perpendicular a la varilla y que pasa por el extremo:

$$I=\frac{1}{3}Ma^2$$

2) Cilindro circular de radio **a**, altura **h** y masa **M**:

a)   Alrededor del eje del cilindro:

$$I=\frac{1}{2}Ma^2$$

b)   Alrededor de un eje perpendicular al eje del cilindro y que pasa por su cdm:

$$I=\frac{1}{12}M(h^2+3a^2)$$

c)   Alrededor de un eje que coincide con el diámetro de uno de los extremos:

$$I=\frac{1}{12}M(4h^2+3a^2)$$

3) Cilindro circular hueco de radio exterior **a**, interior **b**, altura **h** y masa **M**:

a)   Alrededor del eje del cilindro:

$$I=\frac{1}{2}M(a^2+b^2)$$

b)   Alrededor de un eje perpendicular al eje del cilindro y que pasa por su cdm:

$$I = \frac{1}{12} M (3a^2 + 3b^2 + h^2)$$

c)   Alrededor de un eje que coincide con el diámetro de uno de los extremos:

$$I = \frac{1}{12} M (3a^2 + 3b^2 + 4h^2)$$

4) Esfera de radio **a** y masa **M**:

a)   Alrededor de un eje que coincide con el diámetro:

$$I = \frac{2}{5} Ma^2$$

b)   Alrededor de un eje tangente a la superficie de la esfera:

$$I = \frac{7}{5} Ma^2$$

5) Esfera hueca de radio exterior **a**, interior **b** y masa **M**

a)   Alrededor de un eje que coincide con el diámetro:

$$I = \frac{2}{5} M (a^5 - b^5)(a^3 - b^3)$$

b)   Alrededor de un eje tangente a su superficie:

$$I = \frac{2}{5} M (a^5 - b^5)(a^3 - b^3) + Ma^2$$

6) Cono circular de radio **a**, altura **h** y masa **M**:

a)   Alrededor de su eje:

$$I = \frac{3}{10} Ma^2$$

b) Alrededor de un eje perpendicular al eje del cono y que pasa por su vértice:

$$I = \frac{3}{20} M (a^2 + 4h^2)$$

c) Alrededor de un eje perpendicular al eje del cono y que pasa por su cdm:

$$I = \frac{3}{80} M (4a^2 + h^2)$$

∗Constantes

$q_e = 1{,}602 * 10^{-19} C$
$m_e = 9{,}108 * 10^{-31} kg$
$r_e = 2{,}8177 * 10^{-11} m$
$m_p = 1{,}007596 \, uma = 1{,}6724 * 10^{-27} kg$
$m_n = 1{,}008982 \, uma = 1{,}6747 * 10^{-27} kg$
$m_H = 1{,}008142 \, uma$
$m_\alpha = 6{,}644 * 10^{-27} kg$
$h = 6{,}6256 * 10^{-34} J.s = 6{,}6256 * 10^{-27} Erg.s$
$\bar{h} = 1{,}0544 * 10^{-34} J.s = 1{,}0544 * 10^{-27} Erg.s$
$g = 980{,}665 \, cm.s^{-2}$
$G = 6{,}673 * 10^{-11} Nw.m^2.kg^{-2}$
$M_T = 5{,}975 * 10^{24} kg$
$R_T = 6{,}371 * 10^6 m$
$M_S = 1{,}99 * 10^{30} kg$
$R_S = 6{,}95 * 10^8 m$
$K = 8{,}98 * 10^9 Nw.m^2.C^{-2}$
$R_H = 109.677{,}6 \, cm^{-1}$
$R_\infty = 109.737{,}3 \, cm^{-1}$
$R = 0{,}08208 \, atm.l.mol^{-1}.K^{-1} = 8{,}3166 * 10^7 Erg.mol^{-1}.K^{-1} =$
$\qquad\qquad\qquad\qquad = 1{,}987 \, cal.mol^{-1}.K^{-1}$
$c = 2{,}9979 * 10^8 m.s^{-1}$
$N = 6{,}0222 * 10^{23} \, part.mol^{-1}$
$4\pi e_o = 1{,}11264 * 10^{-10} C^2.Nw^{-1}.m^{-2}$
$e_o = 8{,}842 * 10^{-12} C^2.Nw^{-1}.m^{-2} = 8{,}8542 * 10^{-12} F.m^{-1}$
$F = 96.487 \, C.eq^{-1}$
$J = 4{,}185 \, J.cal^{-1}$
$V_N = 22{,}415 \, l$

$V_N = 22,415\, l$

$k = 1,3806 * 10^{-23}\, J.K^{-1}$

$T_{abs} = -273,15\, ^{\circ}C$

$\dfrac{RT}{F}\ln x = 0,05916 \log x\, v$

$\mu_B = 9,2732 * 10^{-21}\, Erg.Gauss^{-1}$

$a_o = 0,52916\, \text{Å} = 5,2916 * 10^{-9}\, cm\quad d_{Hg} = 13,595\, gr.cm^{-3}$

$d_{H_2O} = 0,999972\, gr.cm^{-3}$

$V_{s(a)}^{288K} = 3,408 * 10^2\, m.s^{-1}$

$C_m = 10^{-7}\, Nw.A^{-2}$

$\sigma = 5,670 * 10^{-5}\, Erg.s^{-1}.cm^{-2}.K^{-4} = 5,6697 * 10^{-8}\, w.m^{-2}.K^{-4}$

$\dfrac{N}{V_N} = 2,6869 * 10^{25}\, moléc.m^{-3}$

*Factores de conversión

$1\text{J} = 9,81\, kpm$
$1\text{BTU} = 0,252\, kcal$
$1\text{cal} = 4,1840\, J = 41,293\, atm.cm^3$
$1\text{kcal.mol}^{-1} = 0,043361\, eV$
$1\text{CV}-h = 2,7*10^5\, kgm$
$1\text{kw}-h = 1,36\, CV-h = 2,24*10^{25}\, eV = 3,6*10^6\, J$
$1\text{eV} = 1,6022*10^{-12}\, Erg = 0,16022*10^{-18}\, J.moléc^{-1} = 3,829*10^{-20}\, cal =$
$\qquad\qquad = 8,0660*10^3\, cm^{-1}$
$1\text{MeV} = 1,6022*10^{-13}\, J$
$1\text{atm.l} = 10,323\, kgm = 0,0242\, kcal = 101,323\, J = 6,33*10^{20}\, eV$
$1\text{cm}^{-1} = 1,986*10^{-6}\, Erg = 4,747*10^{-24}\, cal = 1,240*10^{-4}\, eV$
$1\text{atm} = 1,03328\, kg.cm^{-2} = 1,01325*10^6\, din.cm^{-2} = 14,70\, psi = 760\text{mmHg}$
$1\text{baria} = 1\text{din.cm}^{-2}$
$1\text{bar} = 10^6\, barias$
$1\text{psi} = 703\text{kg.m}^{-2}$
$1\text{pascal} = 1\text{Nw.m}^{-2}$
$1\text{din} = 10^{-5}\, Nw$
$1\text{kp} = 9,8\, Nw$
$1\,\text{Å} = 10^{-4}\,\mu = 10^{-10}\, m$
$1\,\mu = 10^{-6}\, m$
$1\,\text{año}-luz = 9,468*10^{15}\, m$
$1\text{Yard} = 0,9144\, m$
$1\text{pie} = 12\text{plg} = 0,3048\, m$
$1\text{plg} = 0,02540\, m$
$1\text{km} = 0,6214\, mill$
$1\text{nm} = 10^{-9}\, m$
$1\text{CV} = 0,735\, kw = 175,72\, cal.s^{-1}$
$1\text{HP} = 76,04\, kgm.s^{-1} = 1,0139\, CV = 735\text{w}$
$1\text{kw} = 1,359\, CV$

$1\text{uma} = 1{,}6597 * 10^{-27}\, kg = 931{,}2\, MeV$
$1\text{UTM} = 9{,}8 * 10^{3}\, gr$
$1\text{slug} = 14{,}59\, kg$
$1\text{Qm} = 100\text{kg}$
$1\text{uee} = 3{,}333 * 10^{-10}\, C$
$1\text{uep} = 300\text{v}$
$1\mu F = 10^{-6}\, F$
$1\text{nF} = 10^{-9}\, F$
$1\mu\mu F = 10^{-12}\, F = 1\text{pF}$
$1F = 96.487 C.\text{eq}^{-1} = 23.060 \text{cal}.v^{-1}.eq^{-1}$
$1\text{v.m}^{-1} = 3{,}333 * 10^{-5}\, uee$
$1D = 3{,}33 * 10^{-30}\, C.m$
$1\text{Wb.m}^{-2} = 10^{4}\, Gauss = 1\text{T}$
$1\text{Wb} = 10^{8}\, Max$
$1\text{Hy} = 1{,}1111 * 10^{-2}\, uee$
$1\text{A.m}^{-1} = 4\pi\, 10^{-3}\, Oersted$
$1\text{kciclo} = 10^{3}\, Hz$
$1\text{Curie} = 3{,}7 * 10^{10}\, desint.s^{-1}$
$1\text{galón} = 3{,}785\, l$
$1\text{barril} = 119{,}24\, l$
$1\text{pinta} = 5{,}688 * 10^{-4}\, m^{3}$
$1\text{gr.cm}^{-3} = 102 \text{UTM.m}^{-3}$
$1\text{acre} = 0{,}40469\, Hca = 4.046{,}9\, m^{2}$
$1\text{m.s}^{-1} = 3{,}6\, km.h^{-1}$
$1\text{rpm} = 0{,}10472\, rad.s^{-1}$
$1\text{rad} = 57{,}2956\,° = 63{,}662^{G}$
$1° = 1{,}745 * 10^{-2}\, rad$
$1' = 2{,}909 * 10^{-4}\, rad$
$1^{G} = 1{,}571 * 10^{-2}\, rad$

⊖⊖⊖

*Integrales (con +C)

$$\int x^n dx = \frac{x^{n+1}}{n+1}$$

$$\int \frac{1}{x} dx = \ln|x|$$

$$\int \sin x\, dx = -\cos x$$

$$\int \frac{1}{\cos^2 x} dx = \tan x$$

$$\int \cos x\, dx = \sin x$$

$$\int \frac{1}{\sin^2 x} dx = -\cot x$$

$$\int \tan x\, dx = -\ln|\cos x| = \ln|\sec x|$$

$$\int \cot x\, dx = \ln|\sin x|$$

$$\int \sec x\, dx = \ln|\sec x + \tan x| = \ln\left|\tan\left(\frac{x}{2} + \frac{\pi}{4}\right)\right|$$

$$\int \operatorname{cosec} x\, dx = \ln|\operatorname{cosec} x - \cotan x| = \ln\left|\tan\frac{x}{2}\right|$$

$$\int \sec^2 x\, dx = \tan x$$

$$\int \operatorname{cosec}^2 x\, dx = -\cot x$$

$$\int \sec x \tan x\, dx = \sec x$$

$$\int \operatorname{cosec} x \cot x\, dx = -\operatorname{cosec} x$$

$$\int e^x dx = e^x$$

$$\int a^x dx = a^x \ln|a|$$

$$\int \frac{1}{1+x^2} dx = \arctan x$$

$$\int \frac{1}{x^2 - a^2} dx = \frac{1}{2a} \ln\left|\frac{x+a}{x-a}\right|$$

$$\int \frac{1}{x^2 + a^2} dx = \frac{1}{a} \arctan \frac{x}{a}$$

$$\int \frac{1}{\sqrt{1-x^2}}\,dx = \arcsin x$$

$$\int \frac{1}{\sqrt{x^2 \pm a^2}}\,dx = \ln\left|x + \sqrt{x^2 \pm a^2}\right|$$

$$\int \frac{1}{x\sqrt{a^2 \pm x^2}}\,dx = \frac{1}{a}\ln\left|\frac{x}{a + \sqrt{a^2 \pm x^2}}\right|$$

$$\int \sqrt{x^2 \pm a^2}\,dx = \frac{x}{2}\sqrt{x^2 \pm a^2} \pm \frac{a^2}{2}\ln\left|x + \sqrt{x^2 \pm a^2}\right|$$

$$\int e^{ax}\sin bx\,dx = \frac{e^{ax}a\sin bx}{a^2 + b^2} - \frac{e^{ax}a\cos bx}{a^2 + b^2}$$

*Relaciones trigonométricas

$\sin(a+b) = \sin a \cos b + sen\, b \cos a$

$\sin(a-b) = \sin a \cos b - \sin b \cos a$

$\cos(a+b) = \cos a \cos b - \sin a \sin b$

$\cos(a-b) = \cos a \cos b + \sin a \sin b$

$\tan(a+b) = \dfrac{\sin(a+b)}{\cos a \cos b}$

$\tan(a-b) = \dfrac{\sin(a-b)}{\cos a \cos b}$

$\cot(a+b) = \dfrac{\cot a \cot b - 1}{\cot b + \cot a}$

$\cot(a-b) = \dfrac{\cot a \cot b + 1}{\cot b - \cot a}$

$\sin 2a = 2\sin a \cos a = \dfrac{2\tan a}{1 - tag^2 a}$

$\cos 2a = \cos^2 a - \sin^2 a = \dfrac{1 - \tan^2 a}{1 + \tan^2 a}$

$\tan 2a = \dfrac{2\tan a}{1 - \tan^2 a}$

$\cot 2a = \dfrac{\cot^2 a - 1}{2\cot a}$

$\sin 3a = 3\sin a - 4\sin^3 a$

$\cos 3a = 4\cos^3 a - 3\cos a$

$\tan 3a = \dfrac{3\tan a - \tan 3a}{-3\tan^2 a + 1}$

$\cot 3a = \dfrac{\cot^3 a - 3\cot a}{3\cot^2 a - 1}$

$\sin \dfrac{a}{2} = \pm\sqrt{\dfrac{1 - \cos a}{2}}$

$\cos \dfrac{a}{2} = \pm\sqrt{\dfrac{1 + \cos a}{2}}$

$\tan \dfrac{a}{2} = \pm\sqrt{\dfrac{1 - \cos a}{1 + \cos a}}$

$$\cot\frac{a}{2}=\cot a\pm\sqrt{\cot^2 a+1}$$

$$\sin a+\sin b=2\sin\frac{1}{2}(a+b)\cos\frac{1}{2}(a-b)$$

$$\sin a-\sin b=2\cos\frac{1}{2}(a+b)\sin\frac{1}{2}(a-b)$$

$$\cos a+\cos b=2\cos\frac{1}{2}(a+b)\cos\frac{1}{2}(a-b)$$

$$\cos a-\cos b=-2\sin\frac{1}{2}(a+b)\sin\frac{1}{2}(a-b)$$

$$\sin a+\cos b=2\sin\frac{1}{2}(\frac{\pi}{2}+a-b)\cos\frac{1}{2}(a+b-\frac{\pi}{2})$$

$$\sin a-\cos b=2\cos\frac{1}{2}(\frac{\pi}{2}+a-b)\sin\frac{1}{2}(a+b-\frac{\pi}{2})$$

$$\tan a\pm\tan b=\frac{\sin(a\pm b)}{\cos a\cos b}$$

$$\cot a\pm\cot b=\frac{\sin(b\pm a)}{\sin a\sin b}$$

$$\cot a\pm\tan b=\frac{\cos(a\pm b)}{\sin a\cos b}$$

Gregorio Chenlo Romero (gregochenlo.blogspot.com)

*Otros títulos del autor

*Bibliografía recomendada

"Problemas de Física", Felix A. Gonzalez
"Problemas de Física General", L. Nuñez
"Física General", Felix A. Gonzalez
"Problemas de Física", J. García Roger
"Física General y Experimental", Goldenberg
"Pruebas de acceso: Física", F. G. Pérez
"Manual de Fórmulas y Tablas", Murray R. Spiegel
"Introducción a la Física General", USC
"Física", Sears-Zemansky
"Física General", C. W. van der Merwe
"Lectures of Physics", Feymann
"Física", Haliday
"Física", Gaskenhouse
"Mecánica", Fanger
"Mecánica Clásica", Goldstein
"Problemas de Física", Aguilar y Casanova
"Problemas de Física", Gullan
"Mecánica Teórica", Schaum

⊖⊖⊖

Gregorio Chenlo Romero (gregochenlo.blogspot.com)

*Agradecimientos

Muchas gracias por comprar y especialmente por leer este libro. Mi intención siempre ha sido ayudar y compartir experiencias con otras personas como tú.

Espero que te haya gustado o te haya servido para consolidar conocimientos, superar exámenes o preparar clases, pero sobre todo espero que te haya servido para pasar algún rato entretenido aprendiendo Física.

Te agradezco cualquier sugerencia que quieras comentar, para ello lo puedes indicar en mi blog en:

gregochenlo.blogspot.com

Si te ha gustado el libro, agradezco las cinco estrellas en www.amazon.es que me ayudarán a continuar mejorando mis libros y también a otros lectores a encontrarlo más fácilmente y a conocerlo con más detalle.

Nuevamente muchísimas gracias.

ooo

Ejercicios de Física 2: Mecánica Clásica

Notas: (v1)

www.ingramcontent.com/pod-product-compliance
Lightning Source LLC
Chambersburg PA
CBHW020435220526
45464CB00002B/718